essentials

Essentials liefern aktuelles Wissen in konzentrierter Form. Die Essenz dessen, worauf es als „State-of-the-Art" in der gegenwärtigen Fachdiskussion oder in der Praxis ankommt, komplett mit Zusammenfassung und aktuellen Literaturhinweisen. Essentials informieren schnell, unkompliziert und verständlich

- als Einführung in ein aktuelles Thema aus Ihrem Fachgebiet
- als Einstieg in ein für Sie noch unbekanntes Themenfeld
- als Einblick, um zum Thema mitreden zu können.

Die Bücher in elektronischer und gedruckter Form bringen das Expertenwissen von Springer-Fachautoren kompakt zur Darstellung. Sie sind besonders für die Nutzung als eBook auf Tablet-PCs, eBook-Readern und Smartphones geeignet.

Essentials: Wissensbausteine aus Wirtschaft und Gesellschaft, Medizin, Psychologie und Gesundheitsberufen, Technik und Naturwissenschaften. Von renommierten Autoren der Verlagsmarken Springer Gabler, Springer VS, Springer Medizin, Springer Spektrum, Springer Vieweg und Springer Psychologie.

Berthold Heinrich

Schulische Kabinettprojektion

Räumliches Zeichnen im Raster

Berthold Heinrich
Herne
Deutschland

Im Text wird auf Zusatzmaterialien verwiesen. Diese sind unter http://www.springer.com auf der Produktseite dieses Buches verfügbar.

ISSN 2197-6708   ISSN 2197-6716 (electronic)
essentials
ISBN 978-3-658-11572-2   ISBN 978-3-658-11573-9 (eBook)
DOI 10.1007/978-3-658-11573-9

Die Deutsche Nationalbibliothek verzeichnet diese Publikation in der Deutschen Nationalbibliografie; detaillierte bibliografische Daten sind im Internet über http://dnb.d-nb.de abrufbar.

Springer Vieweg

Gedruckt auf säurefreiem und chlorfrei gebleichtem Papier

Springer Fachmedien Wiesbaden ist Teil der Fachverlagsgruppe Springer Science+Business Media
(www.springer.com)

Was Sie in diesem Essential finden können

- Eine Übersicht über gängige Projektionsverfahren
- Mathematische Beschreibungen von Kreisen, der Kugel und Ellipsen
- Mathematische Beschreibung der in der Schule verwendeten Darstellung von dreidimensionalen Objekten in der Ebene (Schulische Kabinettprojektion, SKP)
- Grafische Verfahren zur Konstruktion von Bildern unter einer speziellen Parallelprojektion u. a. mithilfe von Programmen zur Bearbeitung von Vektorgrafiken (z. B. Adobe Illustrator, Inscape)
- Berechnungsmöglichkeiten der Abbildungen mithilfe eines CAS (z. B. Maple, Geogebra, Wolfram Alpha)
- Darstellung von Winkeln eines Vektors mit den Achsen und Koordinatenebenen mithilfe von Geogebra

Inhaltsverzeichnis

Einleitung 1

Im Mathematikunterricht in der Schule wird meist auf kariertem Papier geschrieben. Auch die Zeichnungen zur Entwicklung der Raumvorstellung in der Sekundarstufe 1 und in der Linearen Algebra und Analytischen Geometrie in der Sekundarstufe 2 werden auf diesem Papier erstellt. Damit bietet es sich an, dieses Raster als Hilfsmittel zur Darstellung der Raumansicht von Körpern, Flächen, Punkten und Geraden zu nehmen. Dieses passiert auch schon teilweise, allerdings enthalten die Zeichnungen oft sachliche Fehler, weil die dazu notwendigen Projektionen nicht korrekt ausgeführt wurden. Selbst in einigen Druckwerken dazu werden die entstehenden Ellipsen ungenau gezeichnet, Winkelbögen werden falsch eingezeichnet, eine Kugelkontur wird als Kreis dargestellt, Kreise in beliebiger Lage im Raum werden mit falschen Ellipsen dargestellt. In diesem Buch werden die mathematischen und zeichnerischen Grundlagen sowie die Verwendung von Software dargestellt, um damit Hilfen für die Erstellung einer sachgerechten Abbildung zur Verfügung zu stellen. Viele der hier vorgestellten Ergebnisse können direkt umgesetzt werden, bei einigen aufwändigeren Verfahren werden diese an einem Beispiel dargestellt und können problemarm umgesetzt werden.

Im Text wird auf Zusatzmaterialien verwiesen. Diese sind unter www.springer.com auf der Produktseite dieses Buches verfügbar.

© Springer Fachmedien Wiesbaden 2015

B. Heinrich, *Schulische Kabinettprojektion,* essentials,

DOI 10.1007/978-3-658-11573-9_1

Projektionen und Perspektive

2

Beim räumlichen Zeichnen geht es um das Problem, dreidimensionale Objekte auf einer meist ebenen Zeichenfläche darzustellen. Allgemein wird diese Tätigkeit (bzw. deren Ergebnis) als *Projektion* bezeichnet. Projektionen sind in unterschiedlichen Disziplinen mit oft andersartigen Anforderungen notwendig.

Beispiele

In der Kunst oder Architektur wird zur Darstellung der räumlichen Tiefenwirkung oft die sog. *Perspektive* gewählt: weiter hinten liegende Objekte werden kleiner dargestellt. Hier kommt es meist auf eine gute Raumvorstellung an, das dreidimensionale Objekt soll also möglichst „realistisch" abgebildet werden.

Im maschinenbautechnischen Zeichnen (vgl. dazu Hoischen 2009) wird an die Darstellung räumlicher Objekte die Forderung geknüpft, dass sich Maße für die Fertigung leicht ablesen lassen.

Beim CAD (vgl. dazu Häger 2011) oder in der Computergrafik geht es u. a. darum, dass räumliche Objekte mithilfe des Computers von allen Seiten angesehen werden können.

In der Mathematik sollen (dreidimensionale) Funktionen veranschaulicht werden. Ein Teilgebiet der Mathematik, die Analytische Geometrie – insbesondere im Zusammenhang mit Abbildungsmatrizen – betrachtet den funktionalen Zusammenhang zwischen den Punkten eines dreidimensionalen Objekts und denen seiner Darstellung auf einer Ebene und liefert dafür rechnerische Verfahren (vgl. dazu Bär 1996). Diese Algorithmen bilden auch die Grundlage der Computergrafik (vgl. dazu Bungartz 1996), bei deren Programmen sie in Programmiersprachen implementiert und eingesetzt werden.

© Springer Fachmedien Wiesbaden 2015

B. Heinrich, *Schulische Kabinettprojektion,* essentials,

DOI 10.1007/978-3-658-11573-9_2

Jede dieser Disziplinen hat oft eigene Techniken zur Lösung dieses Problems gefunden. Die Darstellende Geometrie als Teilgebiet der Mathematik bietet schon lange konstruktive Verfahren an, die auch – neben der Normung – wesentlichen Eingang ins technische Zeichnen sowie in der Kunst und Architekturdarstellungen gefunden haben.

Die Tools dazu sind sehr unterschiedlich und oft sehr speziell. Da hier der Schwerpunkt auf dem schulischen Einsatz im Mathematikunterricht liegt, sollen neben den klassischen Zeichenwerkzeugen Lineal und Zirkel ein Vektorgrafikprogramm (Adobe Illustrator) und ein CAS (Maple) zum Einsatz kommen. Die Verfahren in beiden Programmen stellen keine hohen Anforderungen an den Befehlsumfang und die Rechnerleistung und können somit sinngemäß auf andere – kostenlos – verfügbare Programme wie Inkscape, Wolfram Alpha, o. ä., umgeschrieben werden. Viele Berechnungen können auch mit Excel gemacht werden. Ein weiteres Programm, das mittlerweile auch gute 3D-Tools hat, ist Geogebra.

Um die in diesem Zusammenhang häufig auftretenden Begriffe besser einordnen zu können und um Schlagworte für weitere Recherchen zu haben, stellt die Abb. 2.1 sie in einer Übersicht zusammen.

Grafen von Funktionen werden in der Mathematik in einem (kartesischen) Koordinatensystem dargestellt. Für zweidimensionale Funktionen bzw. dreidimensionale Objekte werden drei Koordinatenachsen benötigt. Eine Achse verläuft horizontal nach rechts, eine vertikal nach oben und die dritte schräg nach vorne oder hinten. Solange die „Rechte-Hand-Regel" eingehalten wird, ist die Achsenbezeichnung frei – und auch deren Skalierung. Um einen möglichst realistischen Eindruck von den darzustellenden Objekten zu erhalten, hat es sich als sinnvoll herausgestellt, dass der Maßstab auf der schrägen Achse gegenüber der horizontalen und vertikalen verkürzt wird.

Unter den vielen möglichen Neigungen und Verkürzungen der schrägen Achse findet man 30°, 45° oder 60°. Als Verkürzungsfaktor wird häufig 0,5 gewählt.

Für schulische Zwecke bietet sich aber eine andere Verkürzung an. Es wird kariertes Papier benutzt. Und hier drängt sich damit der Neigungswinkel von 45 oder – 135° auf. Als Einteilung der schrägen Achse bieten sich die Schnittpunkte mit dem Karoraster an. Körper wirken dann sehr realistisch, wenn folgende Vereinbarung getroffen wird: Ist auf der horizontalen und der vertikalen Achse die Einheit 1 cm (also zwei Rastereinheiten), ist sie auf der schrägen Achse die Länge einer Rasterdiagonalen.

In der Mathematik werden die Achsen dann häufig so gewählt, dass die x-Achse schräg nach vorne, die y-Achse horizontal nach rechts und die z-Achse vertikal nach oben verläuft. Das hier verwendete Koordinatensystem zeigt die Abb. 2.2.

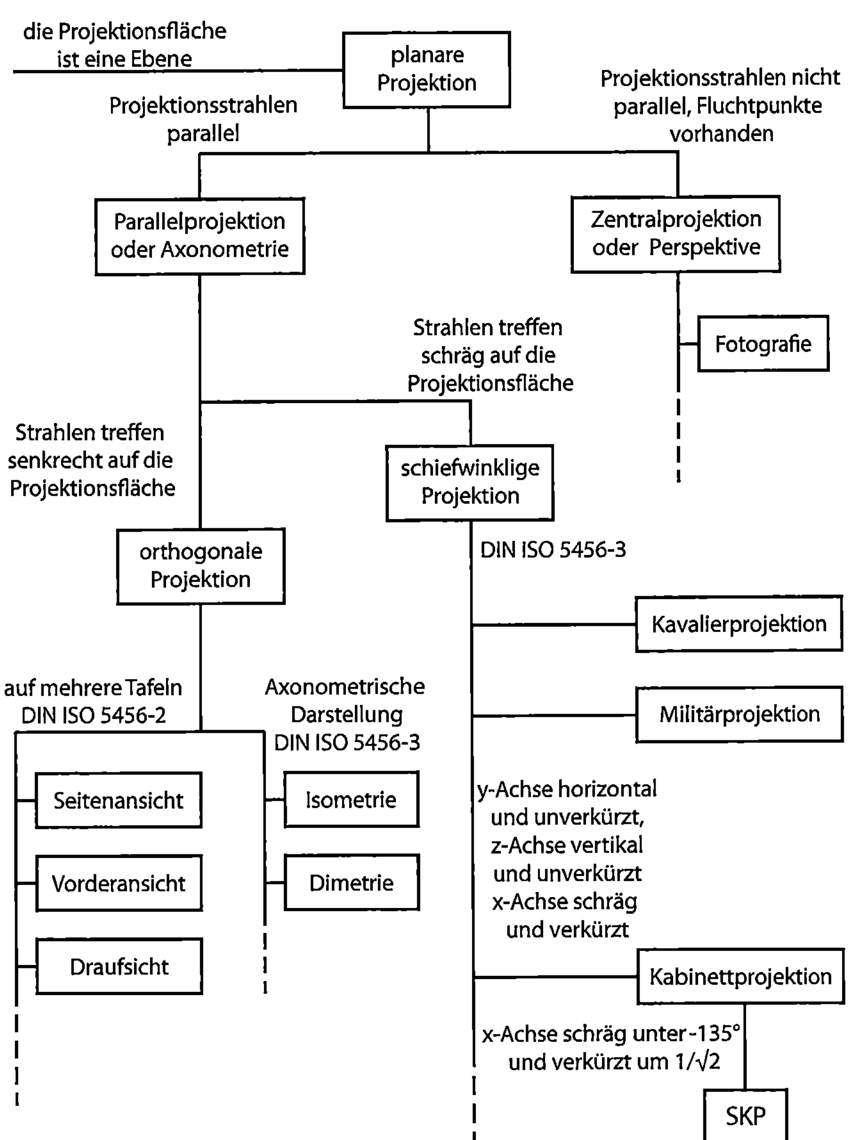

Abb. 2.1 Übersicht Projektionen

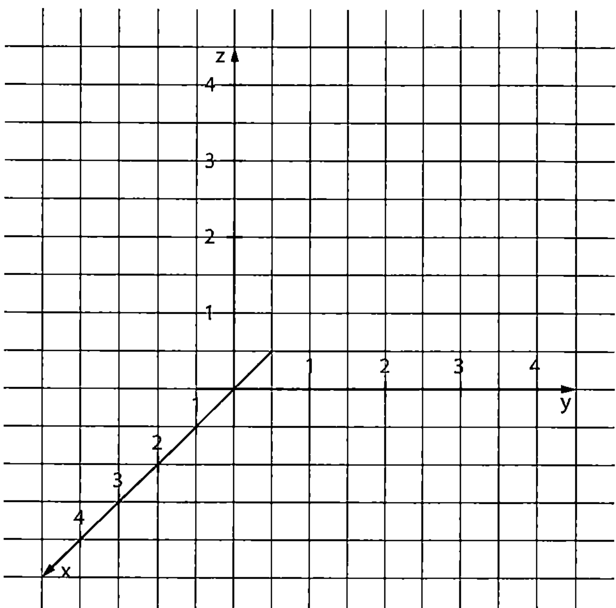

Abb. 2.2 Schulisches Koordinatensystem

Aus der Übersicht aus Abb. 2.1 wird deutlich, dass ein Körper, der in diesem Koordinatensystem abgebildet wird, auch als Projektion aufgefasst werden kann. Diese Projektion wird hier **schulische Kabinettprojektion** genannt und mit **SKP** abgekürzt.

Eine im maschinenbautechnischen Zeichnen häufig gebrauchte Darstellung, die auch für die Darstellungen im Mathematikunterricht benutzt werden kann, ist die orthogonale Projektion. Die Projektionsstrahlen fallen dabei senkrecht auf die Koordinatenebenen. In DIN ISO 5456-2 1998-04 wird die Anordnung dieser Projektionsbilder festgelegt. Der Gegenstand liegt gedacht vor den Koordinatenebenen, auf die er jeweils senkrecht projiziert wird. Dies ist in der DIN die sog. Projektionsmethode 1.

Abb. 2.3 Anordnung der
Ansichten nach DIN ISO
5456-2 1998 04

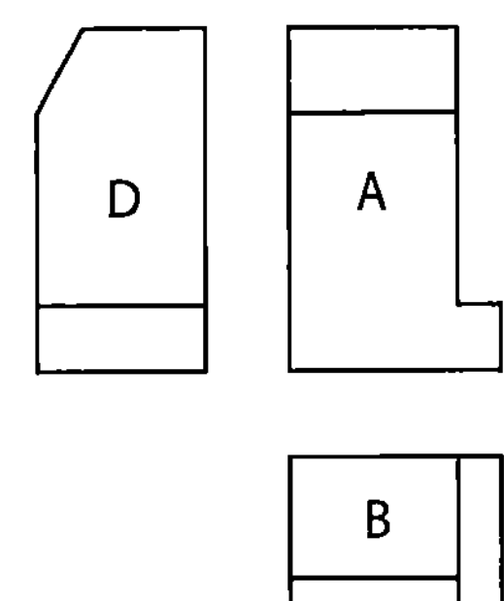

In der SKP gehen wir hier davon aus, dass die sog. Hauptansicht des Gegenstandes parallel zur y-z-Ebene liegt. Die orthogonale Projektion in diese Ebene wird *Vorderansicht* genannt (Ansicht A in Abb. 2.3). Wird der Gegenstand von oben betrachtet, ergibt sich die Draufsicht. Sie wird unterhalb der Vorderansicht gezeichnet (Ansicht B in Abb. 2.3). Die *Draufsicht* ist die orthogonale Projektion in die x-y-Ebene. Die orthogonale Projektion in die x-z-Ebene ist eine *Seitenansicht von rechts* (Ansicht D in Abb. 2.3). Sie wird links von der Vorderansicht gezeichnet.

Die Darstellung eines Gegenstandes durch diese drei Bilder wird auch oft *Dreitafelprojektion* genannt. In ihr lassen sich insbesondere alle Maße direkt ablesen. Daher wird diese Darstellung oft in technischen Zeichnungen eingesetzt. Im Weiteren wird diese Dreitafelprojektion u. a. dafür verwendet, einige Körper in der SKP darzustellen.

Theorie/Grundlagen

3

3.1 Mathematische Grundlagen

3.1.1 Anmerkungen zur Vektorrechnung

- Ein Vektor ist eine Menge gleichlanger, gleichgerichteter und paralleler Pfeile.
- Vektoren werden hier durch kleine Buchstaben mit einem Pfeil darüber dargestellt.

- Der Ortsvektor zu einem Punkt $M(m_x, m_y, m_z)$ wird durch $\vec{m} = \begin{pmatrix} m_x \\ m_y \\ m_z \end{pmatrix}$ dargestellt.

- Die Länge eines Vektors wird durch seinen Betrag $|\vec{m}| = \sqrt{m_x^2 + m_y^2 + m_z^2}$ berechnet.
- Ein Vektor $\vec{m}$ bildet mit den Koordinaten**achsen** Winkel (vgl. Abb. 3.1):

  - Den Winkel α mit der x-Achse: $\cos(\alpha) = \dfrac{m_x}{|\vec{m}|}$

  - Den Winkel β mit der x-Achse: $\cos(\beta) = \dfrac{m_y}{|\vec{m}|}$

  - Den Winkel γ mit der x-Achse: $\cos(\gamma) = \dfrac{m_z}{|\vec{m}|}$

- Ein Vektor $\vec{m}$ bildet mit den Koordinaten**ebenen** Winkel (vgl. Abb. 3.2):

  - Den Winkel δ mit der x-y-Ebene: $\cos(\delta) = \dfrac{\begin{pmatrix} m_x \\ m_y \\ 0 \end{pmatrix} \cdot \vec{m}}{\sqrt{m_x^2 + m_y^2} \cdot |\vec{m}|}$

© Springer Fachmedien Wiesbaden 2015
B. Heinrich, *Schulische Kabinettprojektion,* essentials,
DOI 10.1007/978-3-658-11573-9_3

– Den Winkel ε mit der x-z-Ebene: $\cos(\varepsilon) = \dfrac{\begin{pmatrix} m_x \\ 0 \\ m_z \end{pmatrix} \cdot \vec{m}}{\sqrt{m_x^2 + m_z^2} \cdot |\vec{m}|}$

– Den Winkel ζ mit der y-z-Ebene: $\cos(\zeta) = \dfrac{\begin{pmatrix} 0 \\ m_y \\ m_z \end{pmatrix} \cdot \vec{m}}{\sqrt{m_y^2 + m_z^2} \cdot |\vec{m}|}$

3.1.2 Abbildungsgleichung der SKP

Die hier betrachtete SKP ist eine schräge Parallelprojektion (vgl. DIN ISO 5456-3 1998-04), bei der die Projektionsstrahlen von rechts oben unter einem Winkel von ca. 54,7° auf den Körper fallen. Die Projektionsfläche, der „Schirm" ist die y-z-Ebene.

Bei einer Projektion wird ein Punkt $P(x,z)$, der in einem dreidimensionalen Koordinatensystem beschrieben wird, auf einen Punkt $P(u,v)$, der in einem zweidimensionalen Koordinatensystem beschreiben wird, abgebildet.

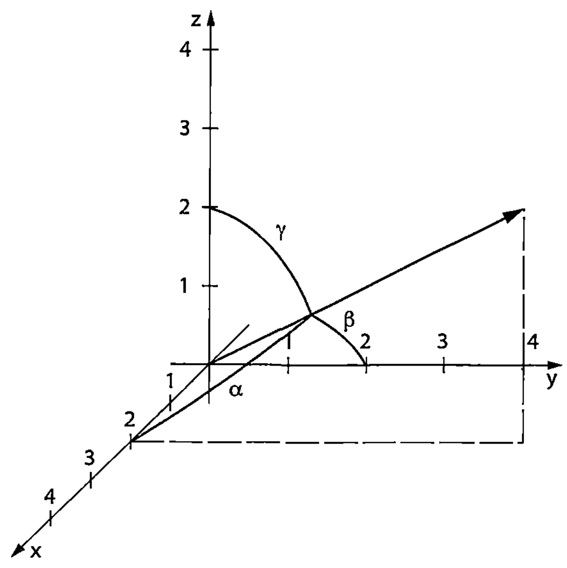

Abb. 3.1 Winkel eines Vektors mit den Koordinatenachsen

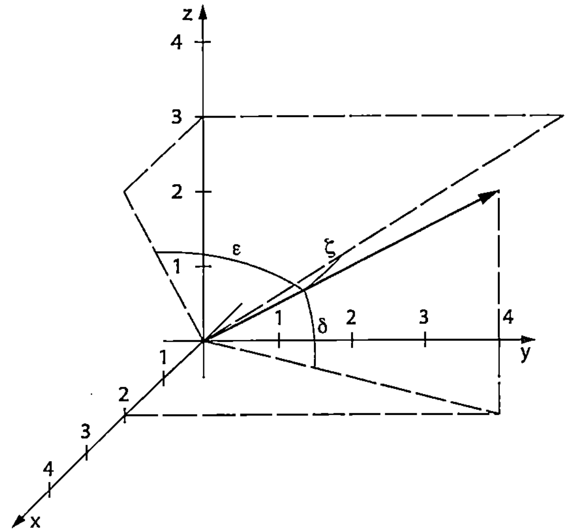

Abb. 3.2 Winkel eines Vektors mit den Koordinatenebenen

Wird das zweidimensionale Koordinatensystem so gelegt, dass dessen Ursprung mit dem des dreidimensionalen zusammenfällt, die (horizontale) u-Achse mit der y-Achse und die (vertikale) v-Achse mit der z-Achse, dann lässt sich die SKP durch folgende Abbildungsgleichung beschreiben

$$\vec{a}(\vec{x}) = \begin{pmatrix} u \\ v \end{pmatrix} = \begin{pmatrix} y - \dfrac{x}{2} \\ z - \dfrac{x}{2} \end{pmatrix}$$

Formel 3.1 Abbildungsgleichung der SKP in Vektorform

Dies ist die vektorielle Darstellung. Die Abbildung kann auch mittels einer Abbildungsmatrix beschrieben werden. Dann lautet die Gleichung

$$\vec{a}(\vec{x}) = \begin{pmatrix} -\dfrac{1}{2} & 1 & 0 \\ -\dfrac{1}{2} & 0 & 1 \end{pmatrix} \cdot \vec{x}$$

Formel 3.2 Abbildungsgleichung der SKP in Matrizenform

Beispiel

Der Punkt P(2;5;3) wird durch diese Abbildung auf den Punkt P' abgebildet.
Dessen Koordinaten lassen sich durch folgende Rechnung bestimmen

$$\vec{p'}(\vec{p}) = \begin{pmatrix} y - \dfrac{x}{2} \\ z - \dfrac{x}{2} \end{pmatrix} = \begin{pmatrix} 5 - \dfrac{2}{2} \\ 3 - \dfrac{2}{2} \end{pmatrix} = \begin{pmatrix} 4 \\ 2 \end{pmatrix}$$

Formel 3.3 Berechnung des Bildpunktes P' eines Punktes P

Also gilt P'(4;2) (Abb. 3.3).

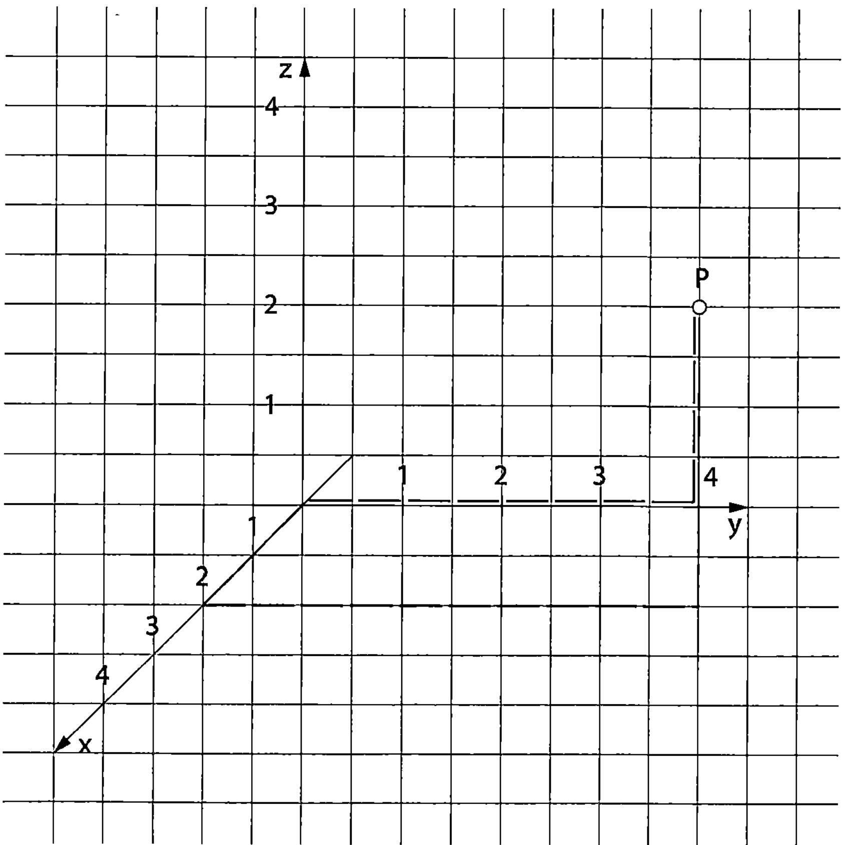

Abb. 3.3 Projektion eines Punktes mit der SKP

Einige Eigenschaften dieser Abbildung:

- Ein „Lichtvektor" oder Projektionsvektor, d. h. ein Vektor, der die Projektions-

  richtung beschreibt ist $\vec{l} = \begin{pmatrix} 2 \\ 1 \\ 1 \end{pmatrix}$.

- Dieser Vektor schließt mit der x-Achse einen Winkel

$$\cos\alpha = \frac{l_x}{|\vec{l}|} = \frac{2}{\sqrt{6}} \approx 0{,}816 \Rightarrow \alpha \approx 35{,}3°$$

ein, mit der y- und z-Achse einen von

$$\cos\beta = \frac{l_y}{|\vec{l}|} = \frac{1}{\sqrt{6}} \approx 0{,}408 \Rightarrow \beta \approx 65{,}9° = \gamma$$

- Dieser Vektor schließt mit der x-y- und mit der x-z-Ebene einen Winkel

$$\cos\delta = \frac{\begin{pmatrix} 2 \\ 1 \\ 0 \end{pmatrix} \cdot \vec{l}}{\left|\begin{matrix} 2 \\ 1 \\ 0 \end{matrix}\right| \cdot |\vec{l}|} = \frac{5}{\sqrt{5} \cdot \sqrt{6}} = \sqrt{\frac{5}{6}} \approx 0{,}9129 \Rightarrow \delta \approx 24° = \varepsilon$$

und mit der y-z-Ebene - unserer Projektionsebene - einen von

$$\cos\zeta = \frac{\begin{pmatrix} 0 \\ 1 \\ 1 \end{pmatrix} \cdot \vec{l}}{\left|\begin{matrix} 0 \\ 1 \\ 1 \end{matrix}\right| \cdot |\vec{l}|} = \frac{2}{\sqrt{2} \cdot \sqrt{6}} = \sqrt{\frac{1}{3}} \approx 0{,}5774 \Rightarrow \zeta \approx 54{,}7°$$

ein.

3.1.3 Beschreibung eines Kreises in der Ebene

Für einen Punkt $P(p_u; p_v)$ auf dem Kreisrand eines Kreises mit dem Mittelpunkt M und dem Radius r in der u-v-Ebene gilt

$$\vec{p}(\alpha) = \vec{m} + r \cdot \begin{pmatrix} \cos\alpha \\ \sin\alpha \end{pmatrix}$$

Formel 3.4 Punkt auf einem Kreisrand

Die Abb. 3.4 verdeutlicht die Bezeichnungen. Beachtenswert ist noch, dass für $\alpha = 0^\circ$ der Punkt S, der rechts neben dem Mittelpunkt liegt, beschrieben wird. Der Kreis wird mit wachsendem α gegen den Uhrzeigersinn durchlaufen – also in mathematisch positivem Sinn.

3.1.4 Beschreibung eines Kreises im Raum

Für einen Punkt $P(p_x; p_y; p_z)$ auf dem Kreisrand eines Kreises mit dem Mittelpunkt M und dem Radius r im Raum gilt

$$\vec{p}(\alpha) = \vec{m} + r \cdot (\cos\alpha \cdot \vec{a}_0 + \sin\alpha \cdot \vec{b}_0)$$

Formel 3.5 Punkt auf einem Kreisrand im Raum

wobei $\vec{a}_0$ und $\vec{b}_0$ orthonormal sind (d. h. Einheitsvektoren sind und senkrecht aufeinander stehen) und in der Kreisebene liegen (Abb. 3.5).

Oft ist statt der beiden orthonormalen Vektoren in der Kreisebene ein Normalenvektor auf die Kreisebene gegeben. Gegeben sei von einem Kreis sein Mittelpunkt(svektor) $\vec{m}$, sein Radius $r \neq 0$ und ein Vektor $\vec{n_0} \neq \begin{pmatrix} 1 \\ 0 \\ 0 \end{pmatrix}$ der auf ihm

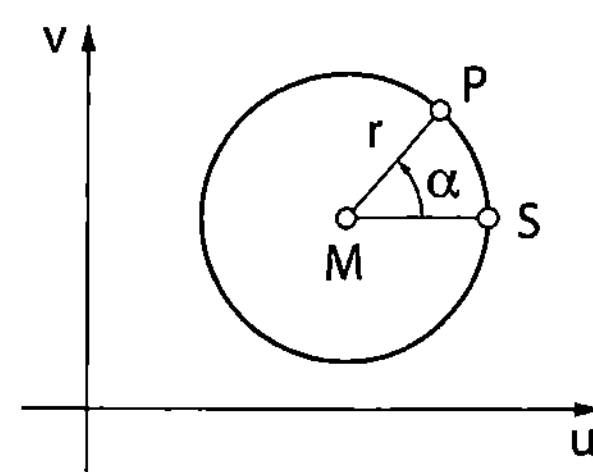

Abb. 3.4 Beschreibung eines Kreises in Parameterform

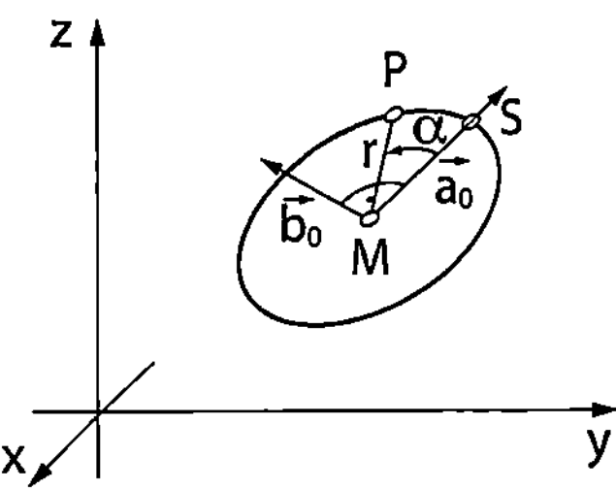

Abb. 3.5 Beschreibung eines Kreises im Raum in Parameterform

senkrecht steht. Eine Parameterform nach Formel 3.5 erhält man durch folgendes Verfahren:

1. Wähle $\overrightarrow{h_0} = \begin{pmatrix} 1 \\ 0 \\ 0 \end{pmatrix}$. Wenn $\overrightarrow{n_0} = \begin{pmatrix} 1 \\ 0 \\ 0 \end{pmatrix}$, wähle $\overrightarrow{h_0} \neq \begin{pmatrix} 0 \\ 1 \\ 0 \end{pmatrix}$.

2. Bilde $\overrightarrow{a_0} = \overrightarrow{h_0} \times \overrightarrow{n_0}$. Damit hat man einen Vektor, der auf dem Normalenvektor senkrecht steht.

3. Bilde $\overrightarrow{b_0} = \overrightarrow{a_0} \times \overrightarrow{n_0}$. Damit hat man zwei Vektoren, die einerseits auf dem Normalenvektor und gleichzeitig aufeinander senkrecht stehen. Dies ist die Voraussetzung für Formel 3.5.

4. $\vec{p}(\alpha) = \vec{m} + r \cdot \left(cos\ \alpha \cdot \overrightarrow{a_0} + sin\ \alpha \cdot \overrightarrow{b_0} \right)$

3.1.5 Beschreibung von Ellipsen

Für einen Punkt $P(u;)$ auf dem Rand einer Ellipse in der u-v-Ebene mit einem Mittelpunkt M, dem Neigungswinkel β, dem Parameter α, der Länge a der großen Halbachse und der Länge b der kleinen Halbachse gilt die Formel 3.6:

$$\vec{p}_E(\alpha) = \vec{m} + \begin{pmatrix} a \cdot \cos \alpha \cdot \cos \beta - b \cdot \sin \alpha \cdot \sin \beta \\ a \cdot \cos \alpha \cdot \sin \beta + b \cdot \sin \alpha \cdot \cos \beta \end{pmatrix}$$

Formel 3.6 Ellipsengleichung in Parameterform

Deutlicher sieht man die Lage der Ellipse in der Matrizendarstellung der Ellipsengleichung in Formel 3.7.

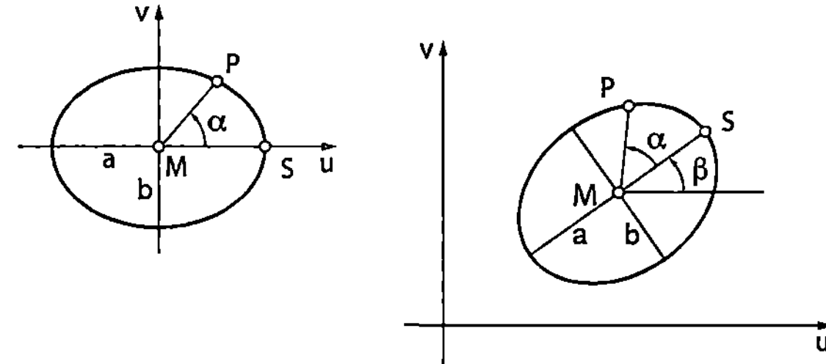

Abb. 3.6 Beschreibung einer Ellipse in Parameterform

$$\vec{p}_E(\alpha) = \vec{m} + \begin{pmatrix} a \cdot \cos\alpha \\ b \cdot \sin\alpha \end{pmatrix} \cdot \begin{pmatrix} \cos\beta & -\sin\beta \\ \sin\beta & \cos\beta \end{pmatrix}$$

Formel 3.7 Ellipsengleichung in Matrizendarstellung

Die Abb. 3.6 verdeutlicht die Bezeichnungen. Im linken Teilbild ist die Ellipse ungeneigt und mit Mittelpunkt im Ursprung, im rechten Teilbild in allgemeiner Lage. Beachtenswert ist noch, dass für $\alpha = 0°$ der Punkt S beschrieben wird. Dieser liegt am Ende der großen Halbachse. Die Ellipse wird mit wachsendem α gegen den Uhrzeigersinn durchlaufen – also in mathematisch positivem Sinn.

Mithilfe des Softwaretools Maple kann man sich solch eine Ellipse zeichnen lassen. Hier soll einmal ein Programm aufgelistet werden, damit die einfache Struktur deutlich wird. Dieses und alle weiteren sind im Zusatzmaterial unter dem Namen der Bildunterschrift des zugehörigen Bildes verfügbar (Abb. 3.7).

```
restart;
with(plots);
x[0] := 1;
y[0] := 1.5;
a := 3;
b := 2;
φ:= (1/16)*Pi;
plot1 := plot([x[0]+a*cos(t)*cos(φ)-b*sin(t)*sin(φ),
y[0]+a*cos(t)*sin(φ)+b*sin(t)*cos(φ), t = 0
.. 2*Pi], scaling = constrained);
Mittelpunkt := [x[0], y[0]];
großeHalbachse := x → tan(φ)*(x-x[0])+y[0];
kleineHalbachse := x → -(x-x[0])/tan(φ)+y[0];
plot3 := plot(großeHalbachse(x), x = -2.2 .. 4.2);
plot4 := plot(kleineHalbachse(x), x = .51 .. 1.45);
plot2 := pointplot([Mittelpunkt], symbolsize = 25, symbol = circle);
display(plot1, plot2, plot3, plot4);
```

Abb. 3.7 Ellipsengleichung
in Parameterform mittels
Maple

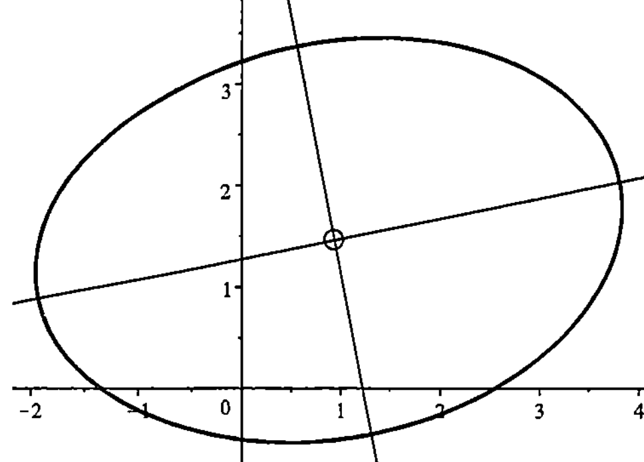

Eine weitere, aus der Geometrie kommende Beschreibungsmöglichkeit ist die *Koordinatenform*

$$Au^2 - 2Buv + Cv^2 = 1$$

Formel 3.8 Koordinatenform der Ellipsengleichung

Aus den Koeffizienten A, B und C lassen sich die Länge der Halbachsen und die Neigung wie folgt berechnen

$$tan\beta_{1,2} = -\frac{A-C}{2B} \pm \sqrt{\left(\frac{A-C}{2B}\right)^2 + 1}$$

$$b^2 = \frac{1 - tan^2\beta}{C - A \cdot tan^2\beta}$$

$$a^2 = \frac{1 - tan^2\beta}{A - C \cdot tan^2\beta}$$

Dabei wird β so gewählt, dass a die Länge der großen Halbachse ist.

Weitere manchmal nützliche Punkte (s. Abb. 3.8) einer Ellipse werden durch folgende Formeln berechnet:

Für die verschiedenen Scheitelwerte gilt

$$S_1(a \cdot \cos \beta; a \cdot \sin \beta)$$
$$S_2(-a \cdot \cos \beta; -a \cdot \sin \beta)$$
$$S_3(b \cdot \cos \beta; -b \cdot \sin \beta)$$
$$S_4(-b \cdot \cos \beta; b \cdot \sin \beta)$$

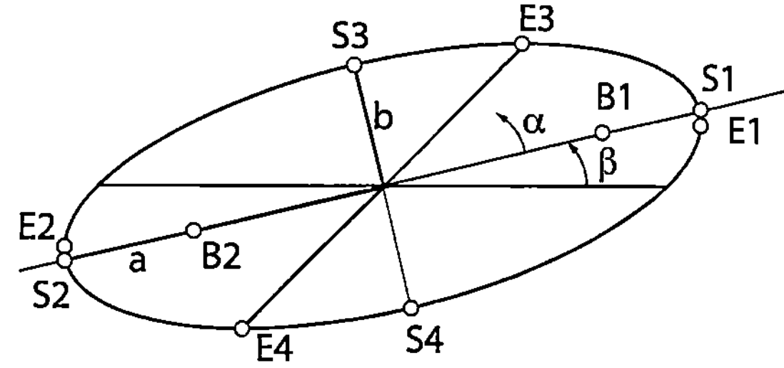

Abb. 3.8 Größen an einer Ellipse

Davon zu unterscheiden sind die Extrempunkte $E_1 \ldots E_4$. Das sind die Punkte, mit den größten bzw. kleinsten u- oder v- Werten. Diese werden aus den Nullstellen der Ableitungen der beiden Teilfunktionen $u(\alpha)$ und $v(\alpha)$ von Formel 3.6 berechnet.

Für die Brennpunkte gilt mit der sog. Exzentrizität $e = \sqrt{a^2 - b^2}$

$$B_1\left(e \cdot \cos \beta; e \cdot \sin \beta\right)$$
$$B_2\left(-e \cdot \cos \beta; -e \cdot \sin \beta\right)$$

Eine weitere Beschreibungsmöglichkeit wäre die über das begleitende Parallelogramm, doch das würde den Rahmen dieses Essentials sprengen.

3.1.6 Beschreibung einer Kugel im Raum

Für einen Punkt $K(r;, \lambda, \vec{m})$ auf dem Rand einer Kugel mit dem Mittelpunkt M und dem Radius r gilt

$$\vec{k} = r \cdot \begin{pmatrix} \cos \lambda \cdot \cos \beta \\ \sin \lambda \cdot \cos \beta \\ \sin \beta \end{pmatrix} + \vec{m}$$

Formel 3.9 Punkt auf Kugelrand

Dies ist eine Parameterform in Kugelkoordinaten (Abb. 3.9).

Oft wird – in Anlehnung an das Koordinatensystem, mit denen die Erdkugel beschrieben wird – der Winkel λ als Längengrad, der Winkel β als Breitengrad, der horizontale Schnitt (der Kreis mit $\beta = 0°$) als Äquator und der Großkreis mit $\lambda = 0°$ als Nullmeridian bezeichnet.

Abb. 3.9 Kugel mit
Bezeichnungen

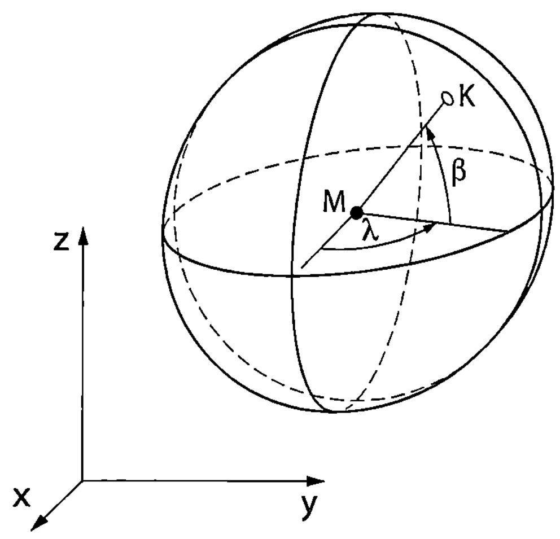

3.2   Methoden für die Erstellung einer SKP

3.2.1   Umwandlung der Dreitafelprojektion in die SKP

Oft ist es einfach, von dreidimensionalen Objekten die Dreitafelprojektion (vgl.
Kap. 2 Projektionen und Perspektive) anzufertigen. Aus dieser lässt sich die SKP
ableiten. Die Abbildung von Objekten in den Koordinatenebenen in die SKP ist
eine sog. *affine Abbildung*. Diese wiederum lässt sich zerlegen in eine *Stauchung*,
eine *Scherung* und ggf. eine *Drehung* und eine *Verschiebung*.

In unserem Falle lassen sich die senkrechten Projektionen auf die drei Koordinatenebenen folgendermaßen durch grafische Operationen in die SKP umwandeln.

a. Senkrechte Projektion auf die y-z-Ebene (Vorderansicht): keine Veränderung
b. Senkrechte Projektion auf die x-z-Ebene (Seitenansicht von rechts):
   a. Vertikale Stauchung um 50 %
   b. Horizontale Scherung um −45°
c. Senkrechte Projektion auf die x-y-Ebene (Draufsicht):
   a. Horizontale Stauchung um 50 %
   b. Vertikale Scherung um 45°

Das Bild muss dann noch ggf. an die richtige Position verschoben werden.

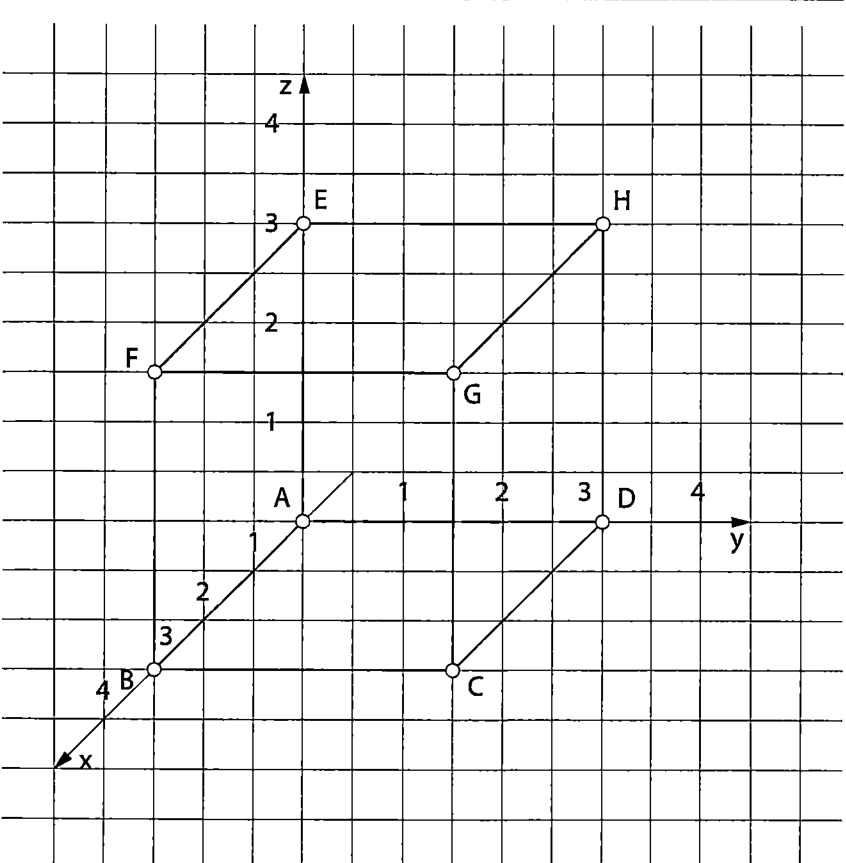

Abb. 3.10 SKP eines Würfels - Version 1

Beispiel

Am Beispiel eines Würfels mit der Kantenlänge 3 und den Punktbezeichnungen
A ... H wird dies dargestellt (Abb. 3.10).

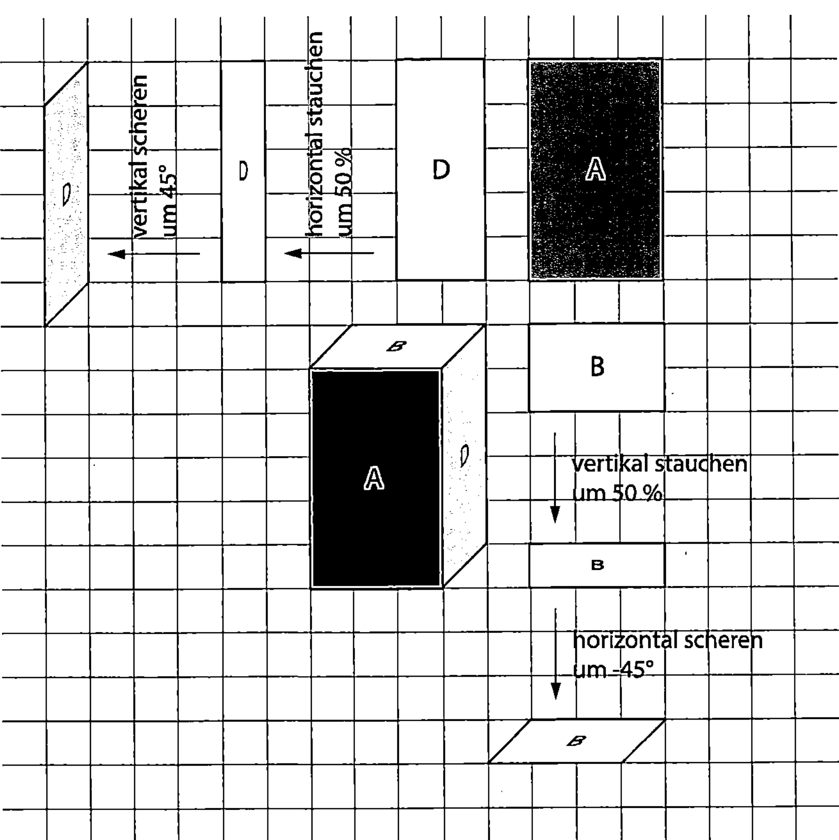

Abb. 3.11 SKP eines Quaders aus drei Ansichten

Wenn die drei Ansichten eines Körpers bekannt sind, kann die SKP grafisch bestimmt werden, indem die Vorderansicht beibehalten und die Seitenansicht von rechts und die Draufsicht gemäß 3.2 durch Stauchen und Scheren erzeugt werden. Abbildung 3.11 zeigt einen einfachen Quader.

3.3 Berechnung der Bildpunkte in Excel

Die Formel 3.1 kann in einer Excel-Tabelle berechnet werden. Dabei gilt (Abb. 3.12)

$$D2 = B3 - B2/2 \text{ und}$$
$$D3 = B4 - B2/2$$

Abb. 3.12 Excel-Tabelle
zur Berechnung des Bild-
punktes der SKP

Berechnung des Bildpunktes der SKP			
x	2	u	4
y	5	v	2
z	3		

3.4 Methoden zur Berechnung und Darstellung der Bildpunkte und -kurven mit Maple

Die bisher beschriebenen geometrischen Methoden lassen sich auch durch Compu-ter-Algebra-Systeme (CAS) wie z. B. Maple realisieren.

Der folgende Programmausschnitt liefert die Projektion des Punktes E des Wür-fels in Abb. 3.10. Bemerkenswert ist noch, dass das Programm nur eine Zeile für die Abbildung benötigt, denn die Struktur der Formel 3.1 ist in beiden Komponen-ten gleich, deshalb wurde hier auch als Variablenbezeichnung m und n gewählt.

```
Restart;
Achsenname := ["x", "y"];
a := (m, n) -> m-(1/2)*n;
E := [3, 0, 3];
EB := [a(E[1], E[2]), a(E[1], E[3])];
with(plots);
Punkt := pointplot([EB], symbol = circle, symbolsize = 25);
display(Punkt, labels = Achsenname);
```

Das vollständige Programm ist als Zusatzmaterial im Netz zu finden und liefert die Abb. 3.13.

Interessanter ist der CAS-Einsatz beim Plotten der Grafen von Kurven.

Abb. 3.13 SKP eines
Würfels - Version 2

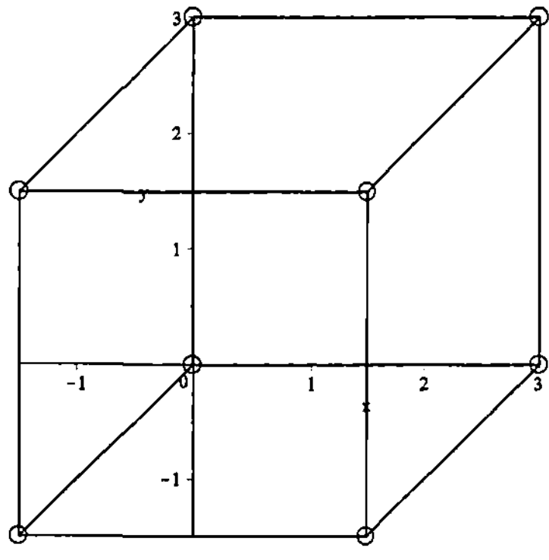

> **Beispiel**
>
> Insbesondere wird hier einmal gezeigt, wie die SKP eines Kreises in der Draufsicht durch ein CAS erzeugt wird. Bei diesem Programmausschnitt wurde die Methode der Matrizenmultiplikation gewählt. Das vollständige Programm ist wiederum als Zusatzmaterial zur Verfügung gestellt.

```
restart;
with(LinearAlgebra);
with(plots);
T := Matrix([[-1/2, 1, 0], [-1/2, 0, 1]]);
Kreis := Vector([r*cos(lambda), r*sin(lambda), 0]);
bKreis := T.Kreis;
r := 2.5;
Kreisxy := plot([bKreis[1], bKreis[2], lambda = 0 .. 2*Pi]);
display(Kreisxy, scaling = constrained);
```

Dieses Programm liefert die Abb. 3.14

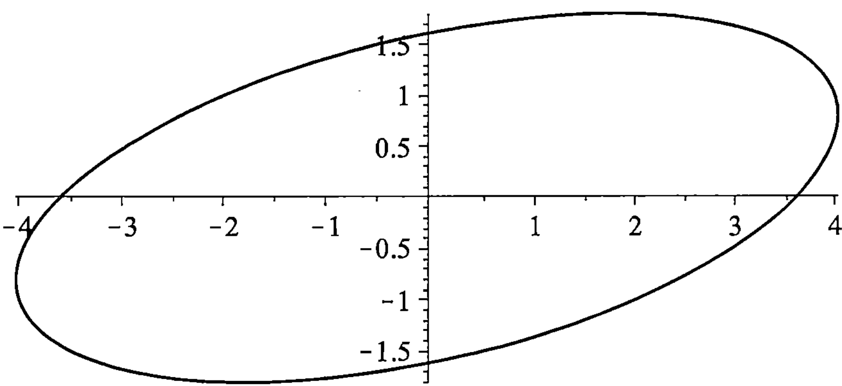

Abb. 3.14 SKP eines Kreises in der Draufsicht mit Maple

4

Ausgewählte Beispiele

Die hier vorgestellten Beispiele dienen einerseits dazu, das Aussehen in der SKP zu verdeutlichen. Weiterhin dienen die Abbildungen dazu, Vorlagen und Hilfestellungen für Freihandzeichnungen zu erhalten. Dazu sind auch einige Hilfslinien und Eigenschaften eingezeichnet.

4.1 SKP von einigen geradlinig begrenzten Grundflächen

In den folgenden Abbildungen werden die Projektionen einiger typischer Flächen auf die Koordinatenflächen dargestellt. Die Teilbilder b) und c) wurden jeweils durch Stauchen und Scheren, wie in 3.2.1 beschrieben, erzeugt (Abb. 4.1, 4.2, 4.3, 4.4, 4.5, und 4.6).

4.2 SKP von einigen prismatischen Körpern

In den folgenden Abbildungen sind einige gerade Prismen mit verschiedenen Grundflächen dargestellt. Teilbild a zeigt jeweils die Grundfläche, Teilbild b zeigt das Prisma liegend; dabei ist die Grundfläche in die x-z-Ebene projiziert. Teilbild c zeigt das Prisma stehend; dabei ist die Grundfläche in die x-y-Ebene projiziert (Abb. 4.7, 4.8, 4.9, und 4.10).

© Springer Fachmedien Wiesbaden 2015
B. Heinrich, *Schulische Kabinettprojektion*, essentials,
DOI 10.1007/978-3-658-11573-9_4

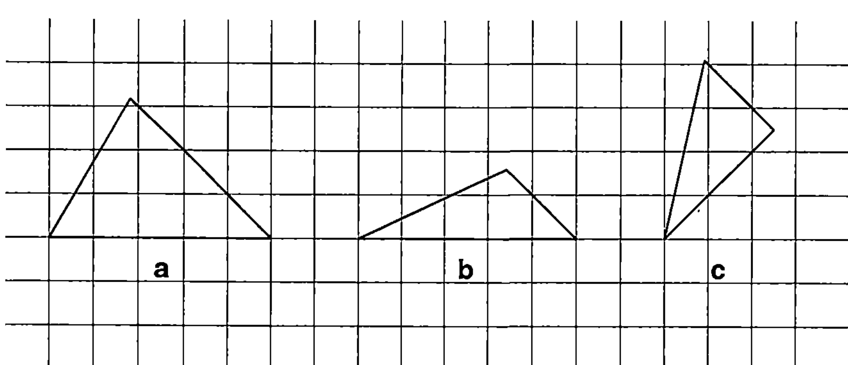

Abb. 4.1 SKP eines allgemeinen (Das allgemeine Dreieck hat die Winkel 60°, 45° und 75°) Dreiecks **a)** Projektion auf die y-z-Ebene, **b)** Projektion auf die x-y-Ebene, **c)** Projektion auf die x-z-Ebene

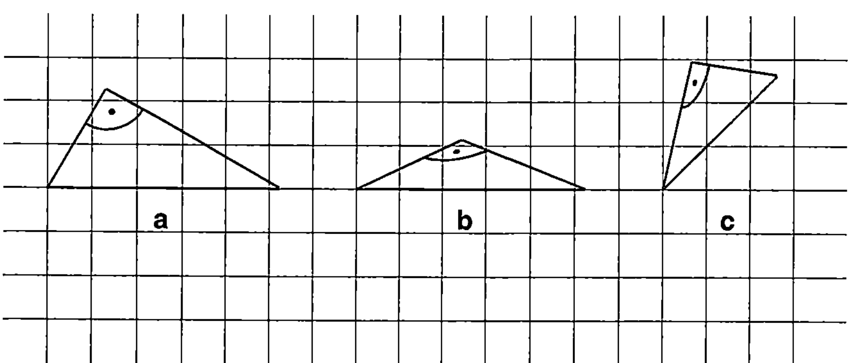

Abb. 4.2 SKP eines rechtwinkligen Dreiecks **a)** Projektion auf die y-z-Ebene, **b)** Projektion auf die x-y-Ebene, **c)** Projektion auf die x-z-Ebene

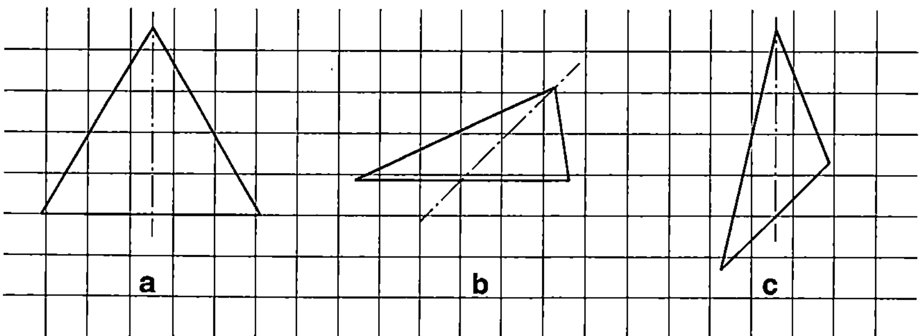

Abb. 4.3 SKP eines gleichschenkligen Dreiecks **a)** Projektion auf die y-z-Ebene, **b)** Projektion auf die x-y-Ebene, **c)** Projektion auf die x-z-Ebene

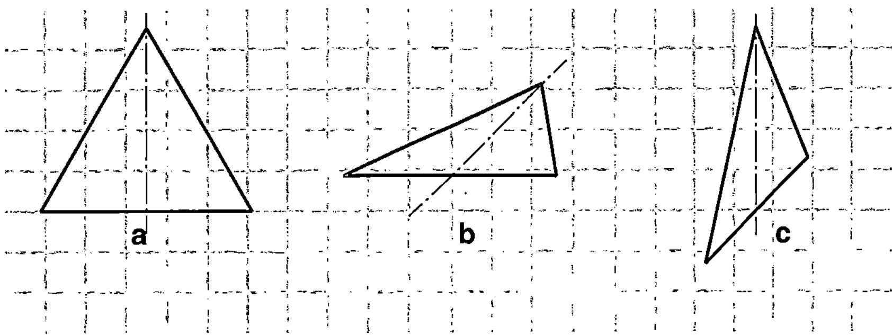

Abb. 4.4 SKP eines gleichseitigen Dreiecks **a)** Projektion auf die y-z-Ebene, **b)** Projektion auf die x-y-Ebene, **c)** Projektion auf die x-z-Ebene

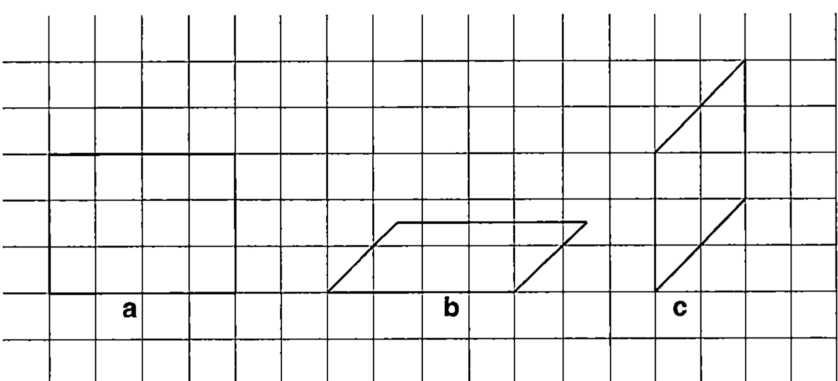

Abb. 4.5 SKP eines Rechtecks **a)** Projektion auf die y-z-Ebene, **b)** Projektion auf die x-y-Ebene, **c)** Projektion auf die x-z-Ebene

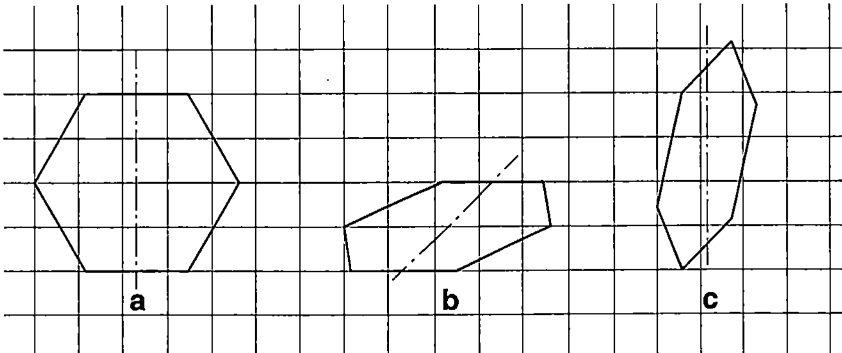

Abb. 4.6 SKP eines Sechsecks **a)** Projektion auf die y-z-Ebene, **b)** Projektion auf die x-y-Ebene, **c)** Projektion auf die x-z-Ebene

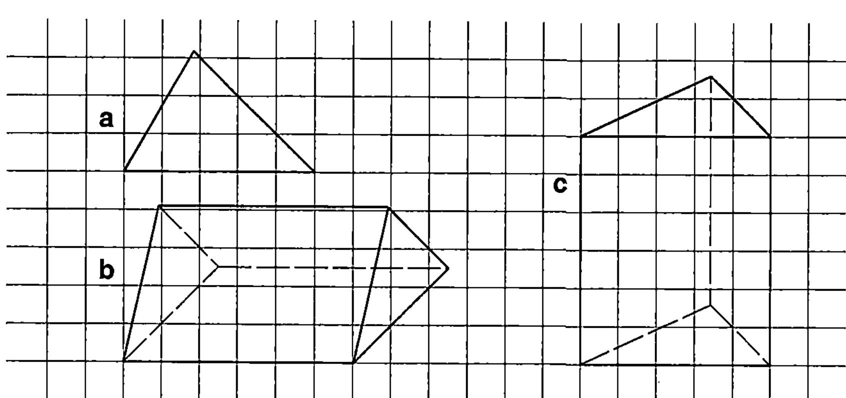

Abb. 4.7 SKP eines geraden Prismas mit einem allgemeinen Dreieck als Grundfläche

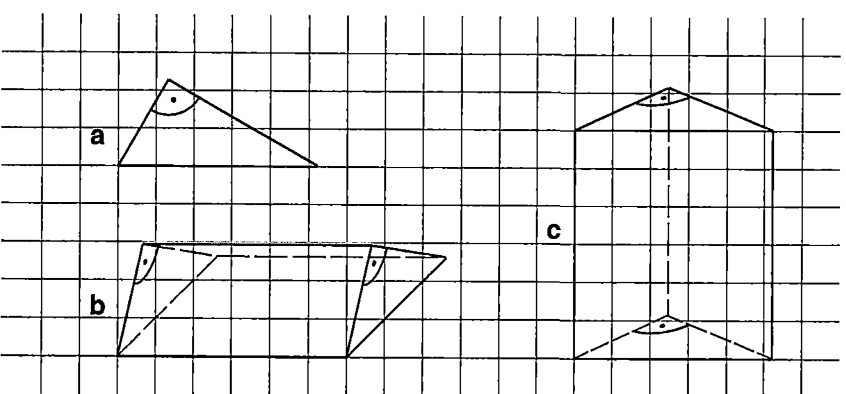

Abb. 4.8 SKP eines geraden Prismas mit einem rechtwinkligen Dreieck als Grundfläche

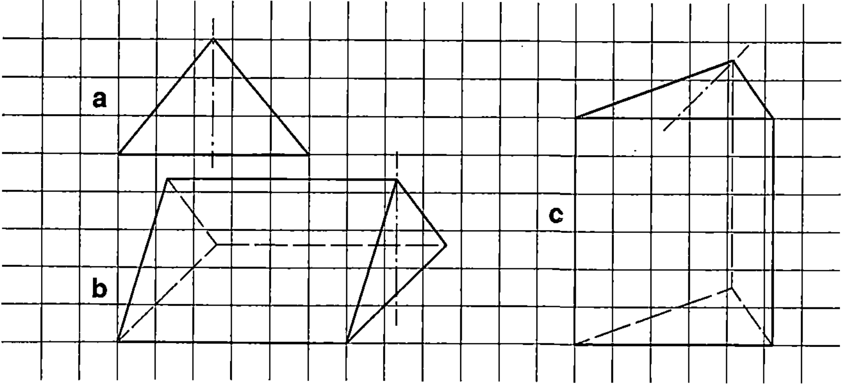

Abb. 4.9 SKP eines geraden Prismas mit einem gleichschenkligen Dreieck als Grundfläche

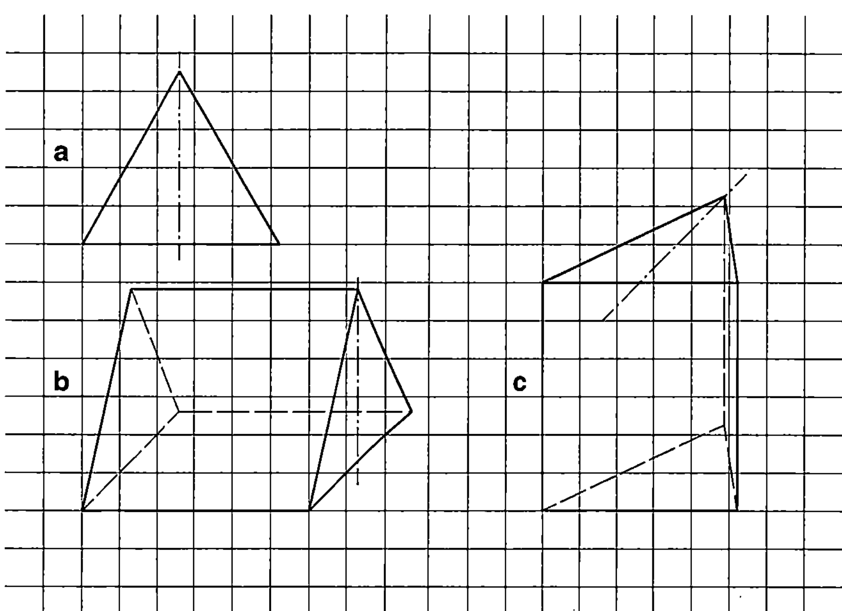

Abb. 4.10 SKP eines geraden Prismas mit einem gleichseitigen Dreieck als Grundfläche

4.3   SKP von Kreisen auf die drei Koordinatenebenen

Ein Problem bei der Zeichnung stellen oft Kreise dar. In der Vorderansicht bleiben sie unverändert. In der Draufsicht und der Seitenansicht von rechts werden sie zu Ellipsen. Diese Ellipsen lassen sich auf hier zwei Arten erzeugen: einmal durch grafische Operationen wie in 3.2 erläutert oder rechnerisch, indem man die Daten der Ellipse berechnet. Für einige Sachverhalte ist es aber auch notwendig, ihre formelmäßige Beschreibung zu kennen.

4.3.1   SKP in die y-z-Ebene (Vorderansicht)

Gemäß der Definition der Abbildung bleiben Objekte, die parallel zur y-z-Ebene liegen, unverändert. Der Kreis bleibt also ein Kreis.

4.3.2 SKP in die x-y-Ebene (Draufsicht)

Konstruktion

Die Konstruktion eines Kreises in der Draufsicht geschieht nach denselben Regeln, nach denen auch die geradlinig begrenzten Körper abgebildet wurden.

In Abb. 4.11, Bild a ist der Kreis aus der Draufsicht gezeichnet. Über das vertikale Stauchen um 50 % (Abb. 4.11, Bild b) und das horizontale Scheren um −45° (Abb. 4.11, Bild c) wird die Ellipse der SKP gebildet. In Abb. 4.11, Bild d ist die erzeugte Ellipse horizontal gezeichnet. Dadurch lassen sich leichter die Längen der großen und kleinen Halbachse ermitteln.

Die entstehende Ellipse hat folgende Daten:

- Länge der großen Halbachse: $a = 1{,}14412 \cdot r$,
- Länge der kleinen Halbachse: $b = 0{,}43702 \cdot r$,
- Neigungswinkel 13,2825°

D. h., wird eine Ellipsenschablone von Ellipsen benutzt, deren Achsen im Verhältnis 1,144/0,437 stehen, lässt sich die Ellipse der Draufsicht durch Drehen um 13,28° erzeugen.

Ergänzend wurde in die Abb. 4.12 die Gradeinteilung (in 15°-Schritten) mit aufgenommen.

Berechnung

Eine Möglichkeit ist, den Kreis (um den Ursprung) mithilfe der Formel 3.9 als Teil der Kugel zu beschreiben. Der Draufsichtkreis ist der Äquator. Somit ist der Kreis in der x-y-Ebene dadurch beschrieben, dass $\beta = 0^{\circ}$, also $sin\beta = 0$ und $cos\beta = 1$.

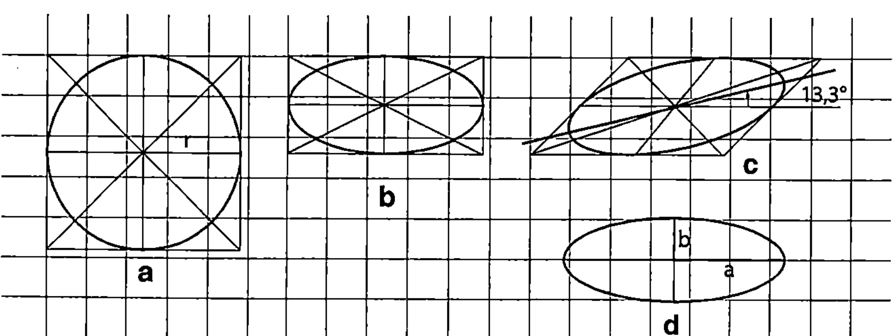

Abb. 4.11 Stauchen und Scheren für einen Kreis in der Draufsicht

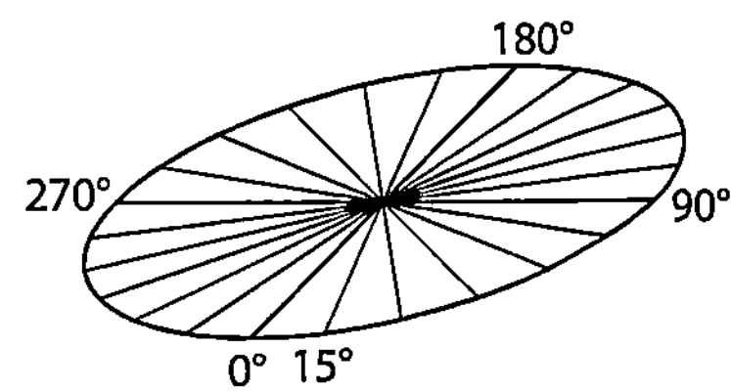

Abb. 4.12 SKP der Gradeinteilung am Äquator

Die Funktion lautet also

$$\vec{p} = r \cdot \begin{pmatrix} \cos\lambda \\ \sin\lambda \\ 0 \end{pmatrix}$$

Diese Funktion wird durch die Abbildungsmatrix projiziert; dadurch wird die Funktion

$$\vec{p} = r \cdot \begin{pmatrix} \sin\lambda - \dfrac{\cos\lambda}{2} \\ -\dfrac{\cos\lambda}{2} \end{pmatrix}$$

erzeugt.

Die charakteristischen Punkte dieser Ellipse sind (vgl. 3.1.5)

$$S_1(a \cdot \cos\beta; a \cdot \sin\beta) \Rightarrow S_1(1,11\,r; 0,263\,r)$$
$$S_2(-a \cdot \cos\beta; -a \cdot \sin\beta) \Rightarrow S_2(-1,11\,r; -0,263\,r)$$
$$S_3(b \cdot \cos\beta; -b \cdot \sin\beta) \Rightarrow S_3(0,425\,r; -0,100\,r)$$
$$S_4(-b \cdot \cos\beta; -b \cdot \sin\beta) \Rightarrow S_4(-0,425\,r; 0,100\,r)$$

$$B_1(e \cdot \cos\beta; e \cdot \sin\beta) \Rightarrow B_1(1,029\,r; 0,243\,r)$$
$$B_2(-e \cdot \cos\beta; -e \cdot \sin\beta) \Rightarrow B_2(-1,029\,r; -0,243\,r)$$

Das Maple-Programm erzeugt dann Abb. 4.13 (bei einem Radius von 3,6).

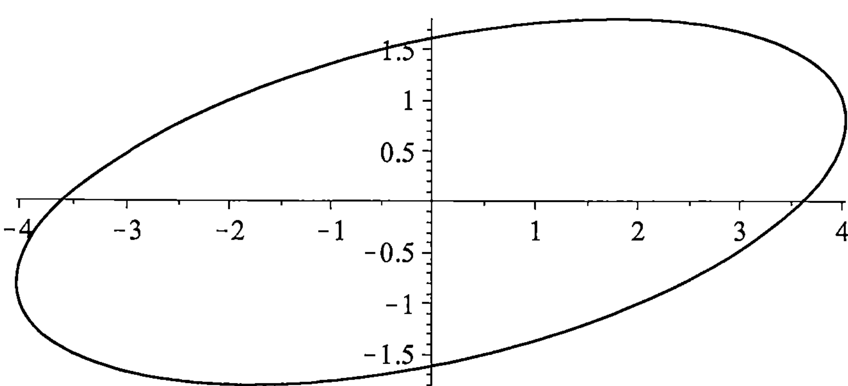

Abb. 4.13 SKP eines Kreises in die x-y-Ebene Version 1

4.3.3   SKP in die x-z-Ebene (Seitenansicht)

Konstruktion

Mit den Methoden aus 3.2.1 lässt sich die entstehende Ellipse erzeugen (s. Abb. 4.14).

Ergänzend wurde in die Abb. 4.15 die Gradeinteilung (in 15°-Schritten) mit aufgenommen.

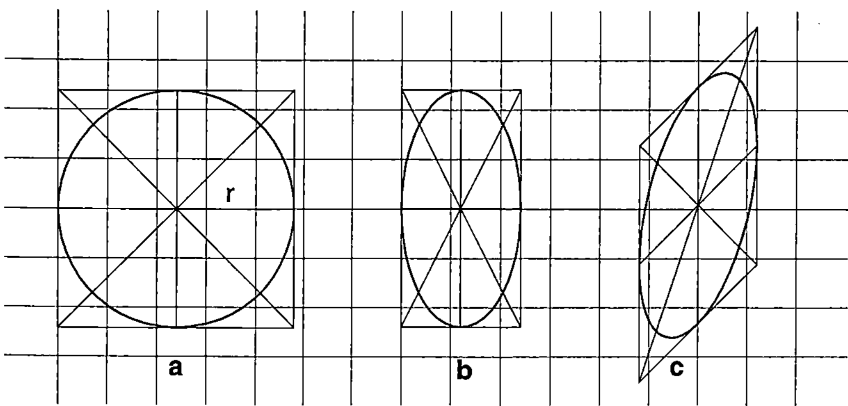

Abb. 4.14 Stauchen und Scheren für einen Kreis in der Seitenansicht

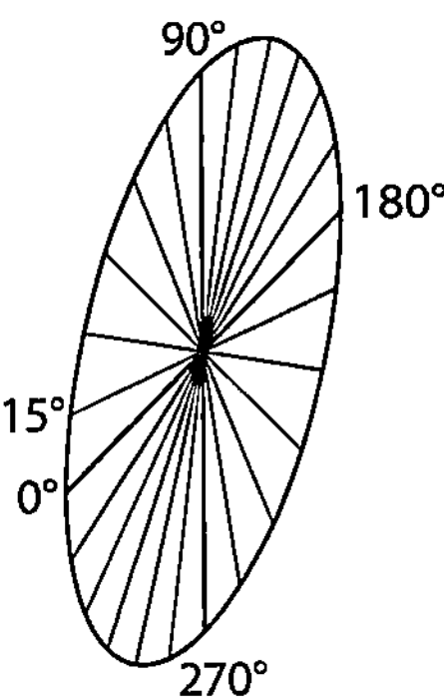

Abb. 4.15 SKP der Gradeinteilung am Nullmeridian

Berechnung

Ein Kreis in der x-z-Ebene entspricht dem Nullmeridian. Eine Möglichkeit ist daher, den Kreis (um den Ursprung) mithilfe der Formel 3.9 als Teil der Kugel zu beschreiben. So ist der Kreis in der x-z-Ebene dadurch beschrieben, dass

$$\lambda = 0^{\circ}, \text{ also } sin\lambda = 0 \text{ und } cos\lambda = 1.$$

Die Funktion lautet also

$$\vec{p} = r \cdot \begin{pmatrix} \cos\beta \\ 0 \\ \sin\beta \end{pmatrix}$$

Diese Funktion wird durch die Abbildungsmatrix projiziert; dadurch wird die Funktion

$$\vec{p} = r \cdot \begin{pmatrix} -\dfrac{\cos\beta}{2} \\ sin\beta - \dfrac{\cos\beta}{2} \end{pmatrix}$$

erzeugt.

Die Eigenschaften ergeben sich analog zu 4.3.2.

Das Maple-Programm erzeugt dann Abb. 3.14.

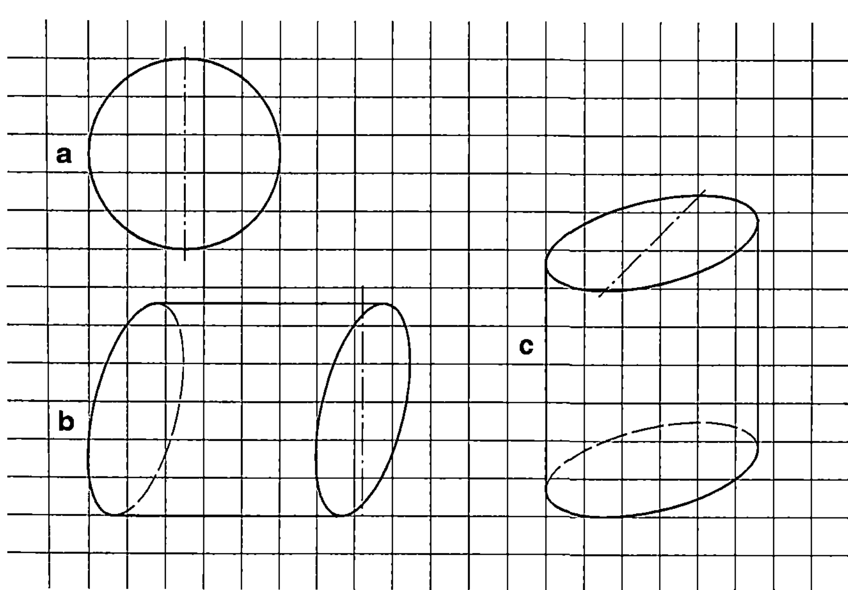

Abb. 4.16 SKP eines Zylinders

4.4   SKP eines Zylinders

Ein Zylinder kann nun gut aus den Ellipsen der Seitenansicht und der Draufsicht
gezeichnet werden. (s. Abb. 4.16)

4.5   SKP eines beliebigen Kreises im Raum

Für die Erstellung der SKP eines beliebigen Kreises bietet sich eine Lösung mit
einem CAS an. Die Beschreibung eines Kreises im Raum wurde in 3.1.4 dargestellt.

Folgendes Programm beschreibt die Lösung für einen Kreis mit dem Radius 5
um den Mittelpunkt $M(2; 2; 2)$, der senkrecht zum Vektor

$$\vec{n} = \begin{pmatrix} 1 \\ 3 \\ 2 \end{pmatrix}$$

steht. Auf die Formel 3.5, deren Größen nach dem in 3.1.4 beschriebenen Verfahren bestimmt werden, wird die Abbildungsgleichung nach Formel 3.1 angewandt.

```
restart; with(LinearAlgebra);
r := 3.6; # Radius
n := Vector(3, [1, 3, 2]); # Normalenvektor
n_0 := n/norm(n, 2); # normierter Normalenvektor
x_M := Vector(3, [2, 2, 2]); # Mittelpunktsvektor
h_0 := Vector(3, [1, 0, 0]); # Hilfsvektor
a := CrossProduct(h_0, n_0); # erster senkrechter Vektor
a_0 := a/norm(a, 2); # davon Einheitsvektor
b := CrossProduct(a_0, n_0); # zweiter senkrechter Vektor
b_0 := b/norm(b, 2); # davon Einheitsvektor
x := x_M+a_0*r*cos(t)+b_0*r*sin(t); # Kreisgleichung
u := x[2]-(1/2)*x[1]; # Projektion des Kreises in u-Richtung
v := x[3]-(1/2)*x[1]; # Projektion des Kreises in v-Richtung
u_m := x_M[2]-(1/2)*x_M[1]; # Projektion des Mittelpunktes in u-Richtung
v_m := x_M[3]-(1/2)*x_M[1]; # Projektion des Mittelpunktes in v-Richtung
with(plots);
Mittelpunkt := [u_m, v_m];
plot1 := pointplot([Mittelpunkt], symbolsize = 25, symbol = circle);
plot2 := plot([u, v, t = 0 .. 2*Pi], scaling = constrained);
display(plot1, plot2);
```

Das Ergebnis zeigt Abb. 4.17.

4.6   SKP der Kugel und einiger Großkreise

4.6.1   SKP der Kugel

Das Bild einer Kugel ist kein Kreis. Dies wird anschaulich in Abb. 4.18 klar.

Das Bild der Kugel ist das Bild des Großkreises, der senkrecht zu den Projektionsstrahlen steht. Konstruktiv entsteht die Schnittkurve durch den Schnitt eines Zylinders mit einer schräg angelegten Ebene. Und diese Kurve ist eine Ellipse. Dazu kann das Programm aus 4.4 verwendet werden. Der dafür benötigte Normalenvektor ist der Projektionsvektor aus 3.1.1.

Das Ergebnis zeigt Abb. 4.19.

Eine Gleichung für diese Ellipse kann dadurch hergeleitet werden, dass ein Kreis, der senkrecht zum Lichtvektor steht, projiziert wird.

Nach dem in 3.1.4 beschriebenen Verfahren werden aus dem Projektionsvektor aus 3.1.1 als Normalenvektor die beiden orthonormalen Vektoren in der Kreisebene erzeugt. Damit kann die Kreisgleichung aufgestellt werden und diese mit der Abbildungsgleichung projiziert werden.

Abb. 4.17 SKP eines Kreises im Raum

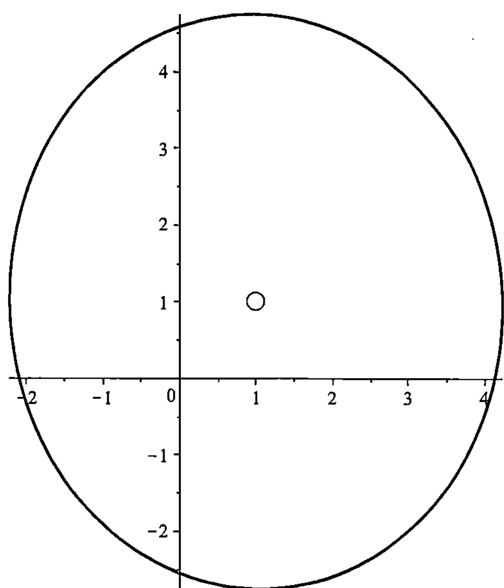

$$\vec{l} = \begin{pmatrix} 2 \\ 1 \\ 1 \end{pmatrix} \Rightarrow \overrightarrow{n_0} = \frac{1}{\sqrt{6}} \cdot \begin{pmatrix} 2 \\ 1 \\ 1 \end{pmatrix}$$

$$\overrightarrow{h_0} = \begin{pmatrix} 1 \\ 0 \\ 0 \end{pmatrix}$$

$$\vec{a} = \overrightarrow{h_0} \times \vec{l} = \begin{pmatrix} 1 \\ 0 \\ 0 \end{pmatrix} \times \begin{pmatrix} 2 \\ 1 \\ 1 \end{pmatrix} = \begin{pmatrix} 0 \\ -1 \\ 1 \end{pmatrix} \Rightarrow \overrightarrow{a_0} = \frac{1}{\sqrt{2}} \cdot \begin{pmatrix} 0 \\ -1 \\ 1 \end{pmatrix}$$

$$\vec{b} = \vec{a} \times \vec{l} = \begin{pmatrix} 0 \\ -1 \\ 1 \end{pmatrix} \times \begin{pmatrix} 2 \\ 1 \\ 1 \end{pmatrix} = \begin{pmatrix} -2 \\ 2 \\ 2 \end{pmatrix} \Rightarrow \overrightarrow{b_0} = \frac{1}{\sqrt{3}} \begin{pmatrix} -1 \\ 1 \\ 1 \end{pmatrix}$$

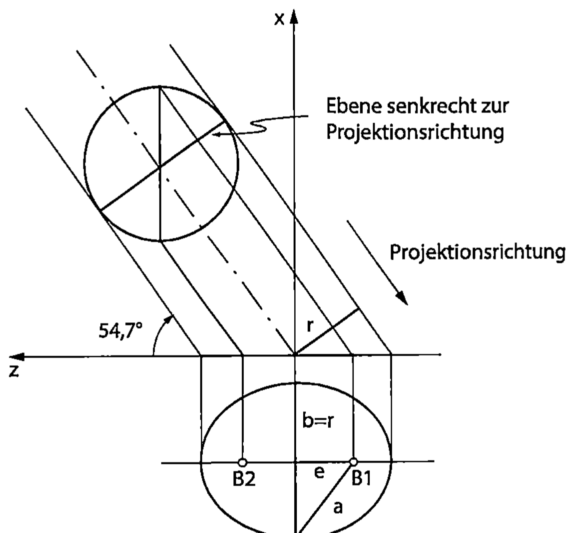

Abb. 4.18 SKP einer Kugel als Zylinderschnitt

$$\vec{x} = \vec{a_0} \cdot r \cdot \cos t + \vec{b_0} \cdot r \cdot \sin t = \frac{1}{\sqrt{2}}\begin{pmatrix} 0 \\ -1 \\ 1 \end{pmatrix} r \cdot \cos t + \frac{1}{\sqrt{3}}\begin{pmatrix} -1 \\ 1 \\ 1 \end{pmatrix} r \cdot \sin t$$

- Mithilfe von Formel 3.1 erhält man

$$u = y - \frac{x}{2} = -\frac{1}{\sqrt{2}} r \cdot \cos t + \frac{1}{\sqrt{3}} r \cdot \sin t + \frac{1}{2 \cdot \sqrt{3}} r \cdot \sin t = \frac{r}{2}[-\sqrt{2}\cos t + \sqrt{3}\sin t]$$

Formel 4.1 u-Komponente der Kugelkontur

und

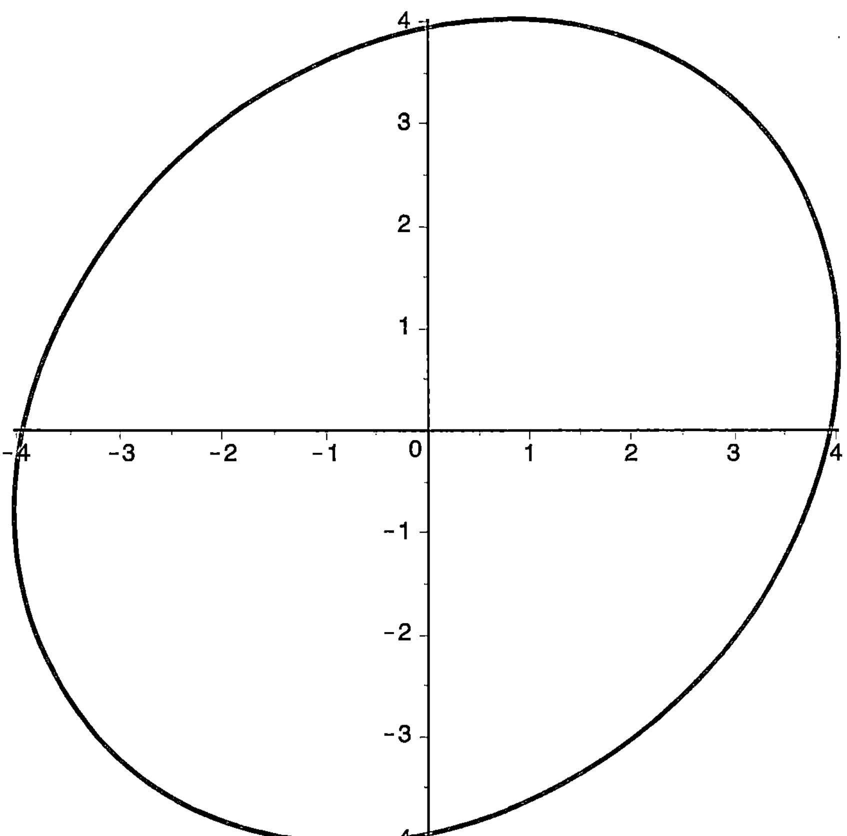

Abb. 4.19 SKP einer Kugel

$$v = z - \frac{x}{2} = \frac{1}{\sqrt{2}}r \cdot \cos t + \frac{1}{\sqrt{3}}r \cdot \sin t + \frac{1}{2 \cdot \sqrt{3}}r \cdot \sin t = \frac{r}{2}[\sqrt{2}\cos t + \sqrt{3}\sin t]$$

Formel 4.2 v-Komponente der Kugelkontur

Vergleicht man die Funktionsgleichungen aus Formel 4.1 und 4.2 mit der Ellipsengleichung in Parameterform aus Formel 3.6, so ergeben sich die Kenngrößen zu

Länge der großen Halbachse: $\sqrt{\frac{3}{2}}r$

Länge der kleinen Halbachse: r und

Neigungswinkel der großen Halbachse: 45°

Diese Ellipse lässt sich damit auch konstruieren, indem eine Ellipse gezeichnet wird, deren Breite $\sqrt{\dfrac{3}{2}}d$ ist und deren Höhe d ist. Anschließend wird sie um 45° gedreht.

4.6.2   SKP der Längenkreise (β-Linien)

Hierbei handelt es sich um Großkreise, welche die z-Achse enthalten. Kennzeichnend ist, dass λ konstant ist (vgl. Abb. 4.20).

Das zugehörige Maple-Programm hat denselben Namen wie die Bildunterschrift.

Speziell ist der Nullmeridian die Projektion eines Kreises in die x-z-Ebene, also die Seitenansicht eines Kreises (vgl. 4.3.3).

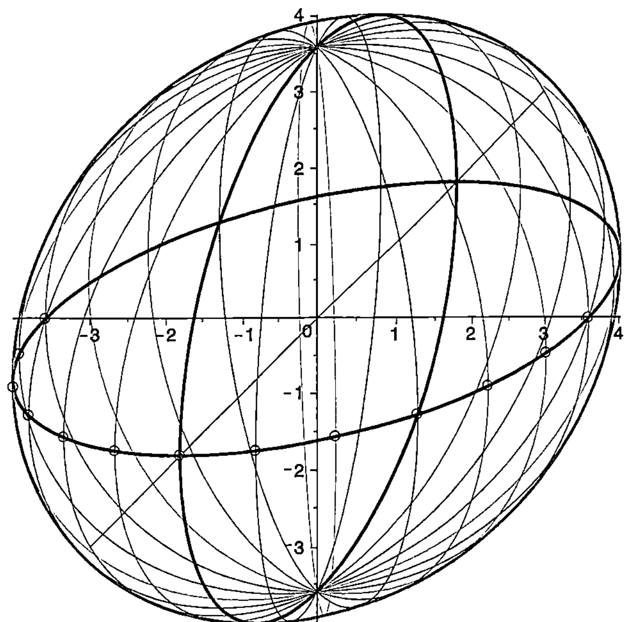

Abb. 4.20 SKP einer Längenkreisschar

Die Konstruktion eines solchen Längenkreises wird am Beispiel des 30°-Kreises veranschaulicht

Zeichne einen Kreis mit Durchmesser unter −30°(s. Abb. 4.21).
Stauche ihn vertikal um 50 % und schere ihn um 45° (s. Abb. 4.22).

Trage an den Schnittpunkten des 45°-Durchmessers mit dem Kreis vertikale Durchmesser ein (s. Abb. 4.23).

Damit hat man dann zwei Seiten eines Parallelogramms.

Vervollständige das Parallelogramm durch Verbinden der Endpunkte (s. Abb. 4.24).

Lies für die schräge Parallelogrammseite aus Abb. 4.25 im Zeichenprogramm die Eigenschaften ab:

Höhe: 9 mm, Breite: 22,177 mm

Das Parallelogramm ist also 22,177 mm breit.

Berechne den Scherungswinkel aus

$$\tan\alpha = \frac{9}{22,177} = 0,4058 \Rightarrow \alpha$$

$$= 22,09°$$

Stauche den Kreis auf die Breite und schere den Kreis um α − es passt!

Abb. 4.21 Konstruktion
eines Längengradkreises
unter −30° − Bild 1

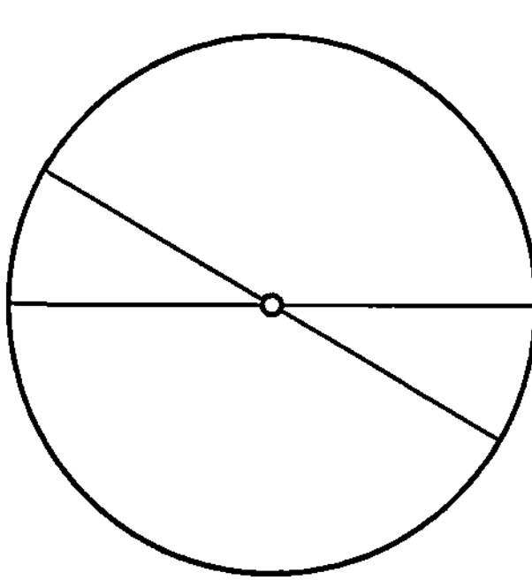

Abb. 4.22 Konstruktion
eines Längengradkreises
unter −30° − Bild 2

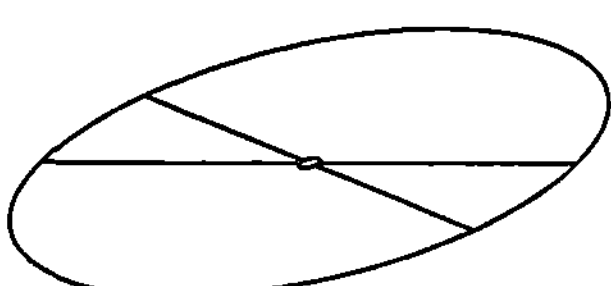

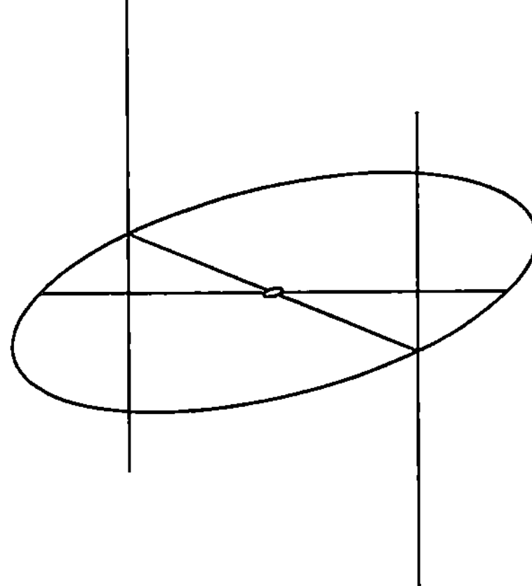

Abb. 4.23 Konstruktion
eines Längengradkreises
unter −30° − Bild 3

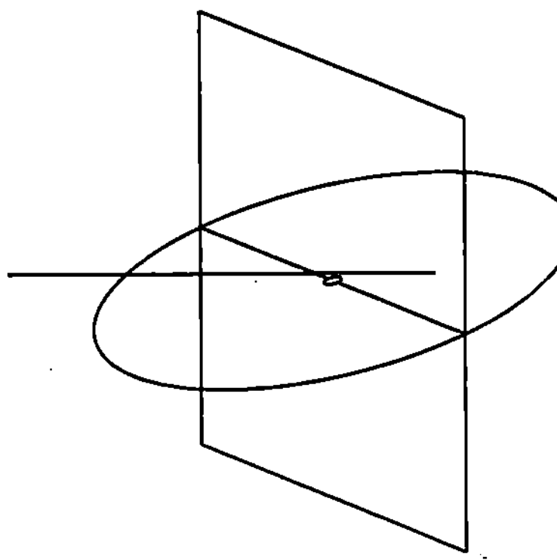

Abb. 4.24 Konstruktion
eines Längengradkreises
unter −30° − Bild 4

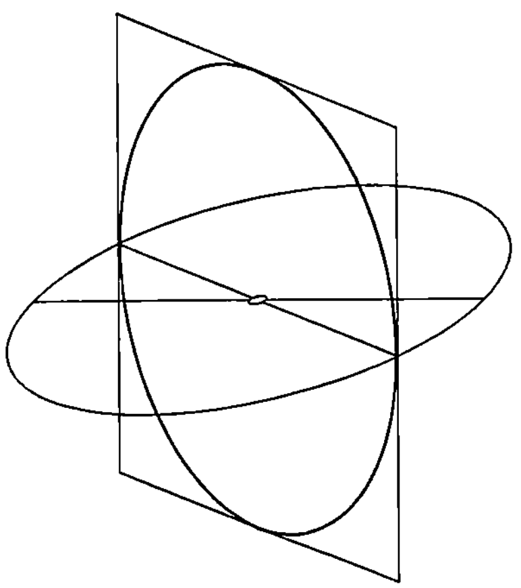

Abb. 4.25 Konstruktion
eines Längengradkreises
unter −30° − Bild 5

Die Herleitung der Formel für diese Ellipse wird ausgehend von der Formel 3.9 und der Formel 3.1 kurz dargestellt. Beachte: Wegen der Orientierung der Achsen entspricht dieser Ellipse der Winkel von 60°.

$$\lambda = 60° \Rightarrow \sin(\lambda) = \frac{\sqrt{3}}{2} \text{ und } \cos(\lambda) = \frac{1}{2}$$

Damit wird Formel 3.9 zu

$$\vec{k} = r \cdot \begin{pmatrix} \dfrac{1}{2} \cdot \cos\beta \\ \dfrac{\sqrt{3}}{2} \cdot \cos\beta \\ \sin\beta \end{pmatrix} = \frac{1}{2}r \begin{pmatrix} \cos\beta \\ \sqrt{3}\cos\beta \\ 2\sin\beta \end{pmatrix}$$

Damit wird Formel 3.1 zu

$$\begin{pmatrix} u \\ v \end{pmatrix} = \frac{1}{2}r \begin{pmatrix} \sqrt{3}\cos\beta - \dfrac{\cos\beta}{2} \\ 2\sin\beta - \dfrac{\cos\beta}{2} \end{pmatrix} = \frac{1}{4}r \begin{pmatrix} (2\cdot\sqrt{3}-1)\cos\beta \\ 4\sin\beta - \cos\beta \end{pmatrix}$$

4.6.3   SKP der Breitenkreise (λ-Linien)

Hierbei handelt es sich um Kreise, die einen Punkt auf der z-Achse als Mittelpunkt haben. Kennzeichnend ist, dass β konstant ist. (Abb. 4.26)

Das zugehörige Maple-Programm hat denselben Namen wie die Bildunterschrift.

Die Kreise verlaufen parallel zum Äquator mit jeweils reduziertem Radius $r_{neu} = r \cdot \cos\beta$. Damit lassen sie sich wie Draufsicht nach 4.3.2 mit eben dem reduzierten Radius konstruieren.

4.6.4   SKP der Großkreise, die die x-Achse enthalten

Diese Großkreise enthalten den Äquator und den Nullmeridian (s. Abb. 4.27).

Für einen Punkt auf einem Kreis um den Ursprung, der die x-Achse enthält, gilt folgende Überlegung.

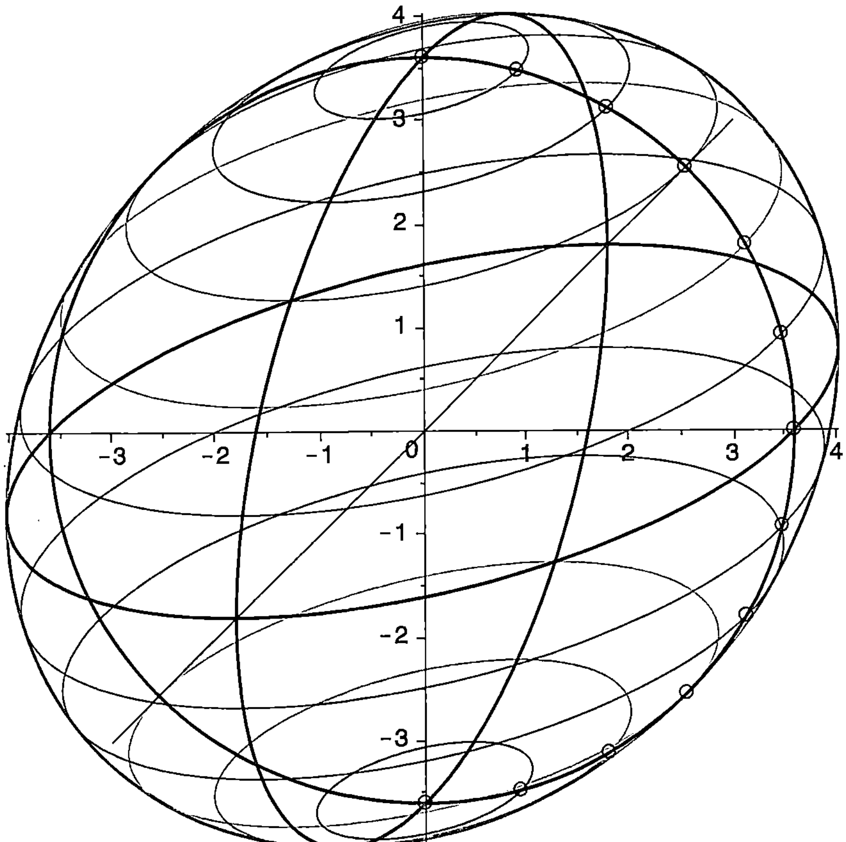

Abb. 4.26 SKP einer Breitenkreisschar

Es ist der Spezialfall eines Kreises in beliebiger Lage, s. 3.1.4. Ein Richtungsvektor ist die x-Achse, ein weiterer wird durch den Breitengrad β bestimmt. Dies
sieht man, wenn man die Projektion des Kreises in die y:z-Ebene betrachtet. Dann
ist ein weiterer (normierter) Richtungsvektor

$$\vec{b_0} = \begin{pmatrix} 0 \\ \cos\beta \\ \sin\beta \end{pmatrix}$$

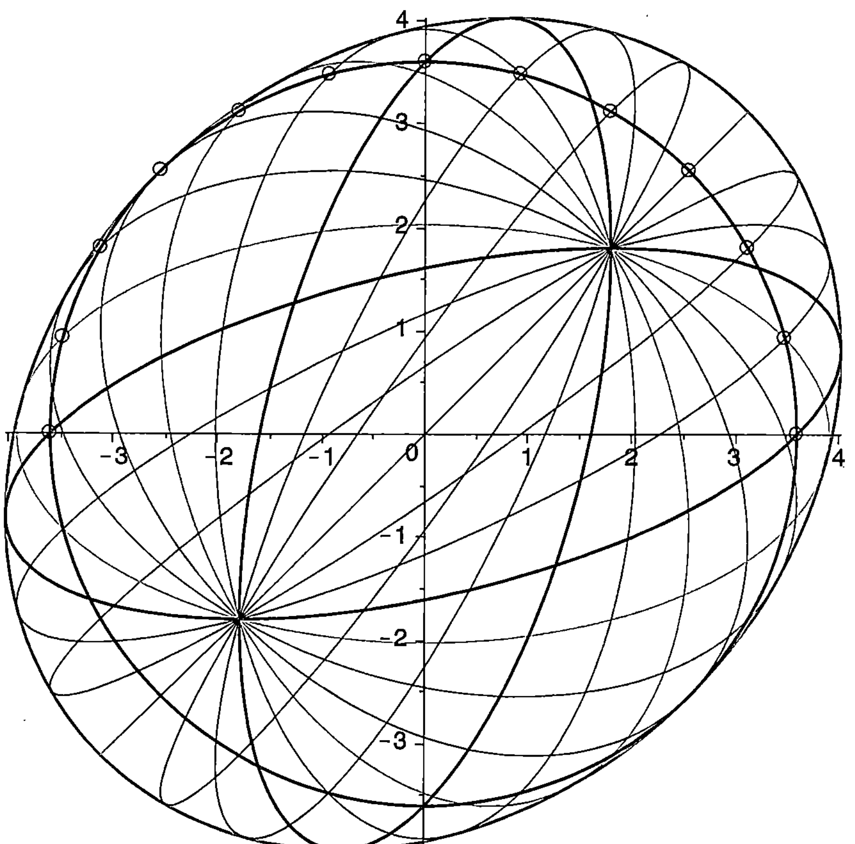

Abb. 4.27 SKP einer Kreisschar um die x-Achse

Damit gilt dann

$$\vec{k} = r \cdot \left(\cos t \cdot \begin{pmatrix} 1 \\ 0 \\ 0 \end{pmatrix} + \sin t \begin{pmatrix} 0 \\ \cos \beta \\ \sin \beta \end{pmatrix} \right) = r \cdot \begin{pmatrix} \cos t \\ \sin t \, \cos \beta \\ \sin t \, \sin \beta \end{pmatrix}$$

Das Bild eines solchen Kreises lautet dann

$$\begin{pmatrix} u \\ v \end{pmatrix} = \begin{pmatrix} y - \dfrac{x}{2} \\ z - \dfrac{x}{2} \end{pmatrix} = r \cdot \begin{pmatrix} \sin t \quad \cos \beta - \dfrac{\cos t}{2} \\ \sin t \quad \sin \beta - \dfrac{\cos t}{2} \end{pmatrix}$$

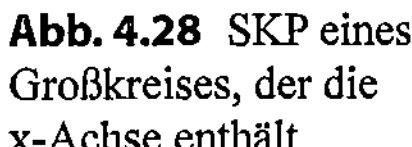

Abb. 4.28 SKP eines Großkreises, der die x-Achse enthält

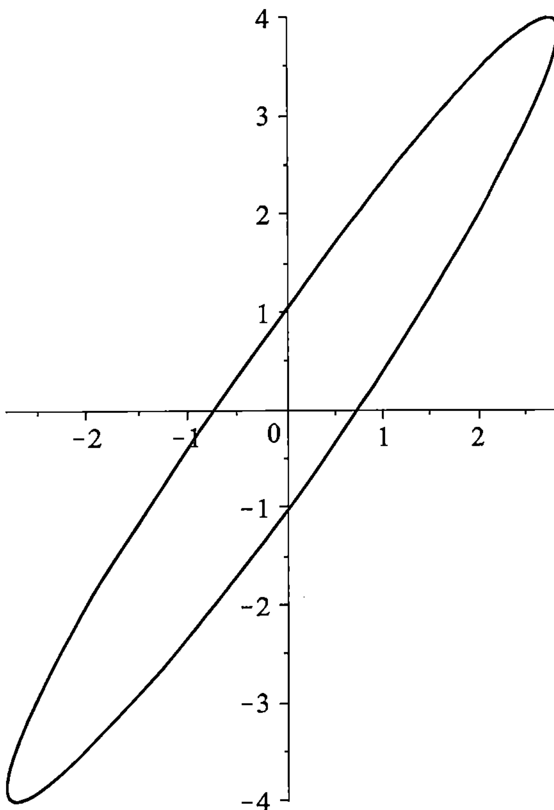

Für $\beta = 60°$ und $r = 10$ sieht dann das Bild wie folgt aus (s. Abb. 4.28).
  Die Konstruktion verläuft sinngemäß zu 4.6.2.

4.6.5   SKP der Großkreise, die die y-Achse enthalten

Diese Großkreismenge enthält den Äquator und den Kreis der Kugel in der Vorderansicht (s. Abb. 4.29). Die Berechnungen verlaufen analog.

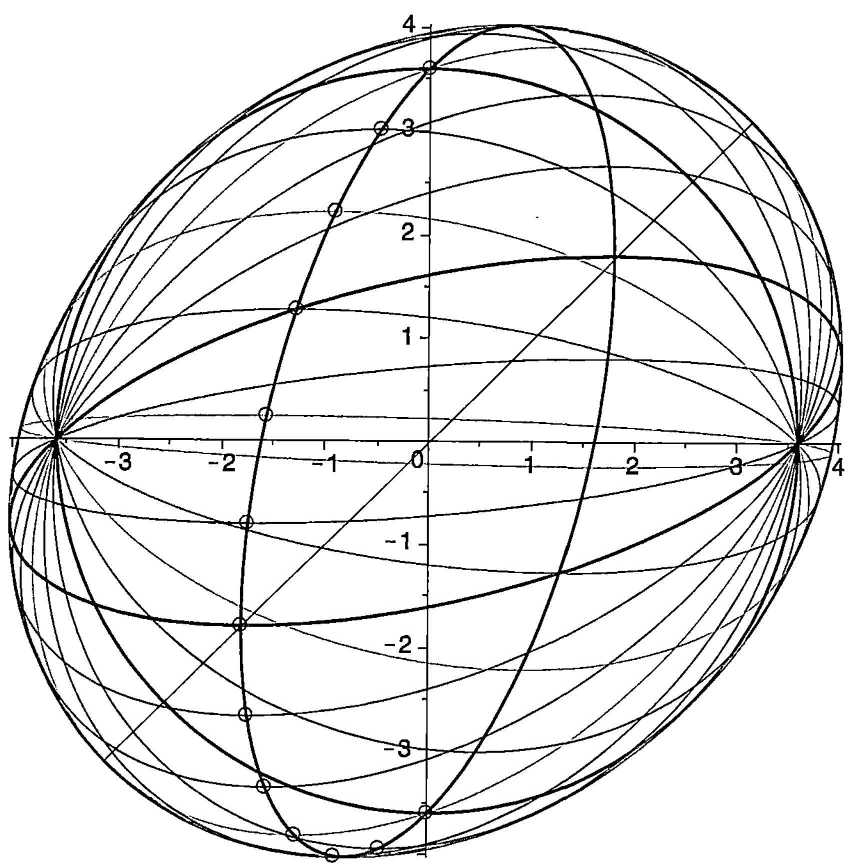

Abb. 4.29 SKP einer Kreisschar um die y-Achse

4.7 SKP von Winkelbögen

Die Winkelbögen in geometrischen Objekten sind Anwendungen des bisher Gesagten. Der passende Kreis wird ausgewählt und ein passender Radius und Ausschnitt gewählt.

Eine weitere Möglichkeit (s. Abb. 4.30), die sich erst bei der Manuskripterstellung anbot, liefert das Programm Geogebra ab der Version 5. Dort kann nun die Projektionsansicht der SKP eingestellt werden.

Abb. 4.30 SKP von Winkelbögen aus Geogebra

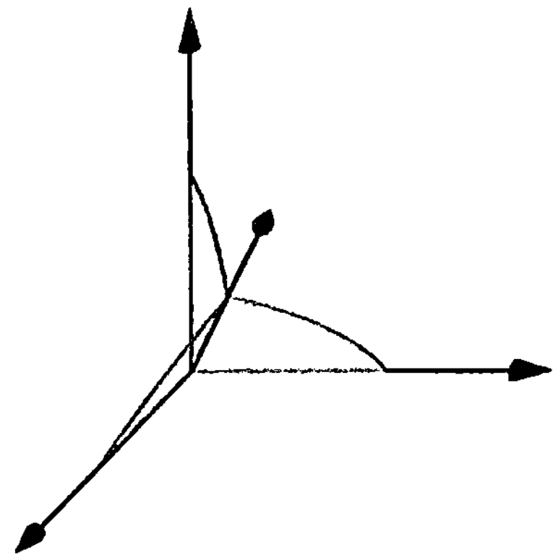

Das zugehörige Programm befindet sich unter dem Dateiname wie die Bildunterschrift im Zusatzmaterial.

Was Sie aus diesem Essential mitnehmen können

Sie

- können verschiedene Probleme bei der Darstellung von Punkten, Flächen und Körpern auf kariertem Papier theoretisch, zeichnerisch, mit einem CAS und mithilfe eines Zeichenprogramms lösen,
- haben viele Beispiele für häufig vorkommende Darstellungen gefunden,
- haben fertige Programme aus Maple für alle vorgestellten Lösungen erhalten,
- haben einen Einblick in Geogebra erhalten.

© Springer Fachmedien Wiesbaden 2015
B. Heinrich, *Schulische Kabinettprojektion,* essentials,
DOI 10.1007/978-3-658-11573-9

Literatur

Bär, Gert. 2001. *Geometrie. Eine Einführung für Ingenieure und Naturwissenschaftler*. Wiesbaden: Teubner.

Bungartz, Hans-Joachim. 2002. *Einführung in die Computergraphik. Grundlagen, geometrischen Modellierung, Algorithmen*. Braunschweig: Vieweg.

DIN ISO 5456-2 1998-04. Projektionsmethoden Teil 2: Orthogonale Darstellungen.

DIN ISO 5456-3 1998-04. Projektionsmethoden Teil 3: Axonometrische Darstellungen.

Häger, Wolfgang, und Dirk Baumeister. 2011. *3D-CAD mit Inventor 20011. Tutorial mit durchgängigem Projektbeispiel*. Wiesbaden: Vieweg + Teubner.

Heinrich, Berthold, et al. 2014. *Mathematik Technik Fachhochschulreife NRW*. Berlin: Cornelsen.

Hoischen, Hans. 2014. *Technisches Zeichnen*. Berlin: Cornelsen.

Swiczinsky, Nana. 2015. *Grundkurs Digitale Illustration*. Bonn: Galileo.

© Springer Fachmedien Wiesbaden 2015

B. Heinrich, *Schulische Kabinettprojektion*, essentials,

DOI 10.1007/978-3-658-11573-9